AF462495

MÉMOIRE

Sur l'Etablissement du Domaine
De la MANDRIA de CHIVAS,
Au Département de la Doire

MÉMOIRE

SUR L'AMÉLIORATION DU TROUPEAU DE MÉRINOS ET DE BÊTES A LAINE INDIGÈNES, ETABLI AU DOMAINE DE LA MANDRIA DE CHIVAS,

Département de la Doire,

ET SUR LES PROGRÈS

DE L'AGRICULTURE DE CE DOMAINE.

Lû à la SOCIÉTÉ d'AGRICULTURE
de la Ville d'IVRÉE, dans sa séance
du 15 Vendemiaire an 13.

Par M. CHARLES AIGOIN, l'un de ses Membres, Directeur de l'Enregistrement et des Domaines.

A IVRÉE,

DE L'IMPRIMERIE DE LA SOCIÉTÉ D'AGRICULTURE.

Se trouve { à Paris chez Moreau imprimeur-lib.^e rue traversière s.t Honnoré, n.° 24. à Turin chez Bocca libraire rue neuve.

An 13 — 1804.

TABLE
DES MATIÈRES.

Première partie.

SECONDE PARTIE.

Des bêtes a laine.

TABLE

TROISIÈME PARTIE.

AGRICULTURE ET ÉCONOMIE RURALE DU DOMAINE DE LA MANDRIA.

NOTES

SUR L'INSTINCT DES BÊTES A LAINE, DES VACHES ET DES TAUREAUX.

FIN DE LA TABLE.

MÉMOIRE

Sur l'amélioration du troupeau de mérinos établi au domaine de la MANDRIA DE CHIVAS (1), *et sur les progrès de l'agriculture de ce domaine.*

Lu à la SOCIÉTÉ d'AGRICULTURE séante à Ivrée, dans sa séance du 15 vendemiaire an 13.

Ce n'est pas sans inquiétude, que j'ai vu arriver le jour où j'ai pris l'engagement de présenter à cette Assemblée, le résultat des méditations et des expériences que j'aurai pu réunir sur quelqu'un des nombreux objets qui embrassent les travaux de la Société (2).

Peu exercé dans l'étude de ces riches matières, j'ai été effrayé de la tâche que j'avais à remplir : j'ai senti que le zèle ne

(1) Le mot *mandria* signifie, en italien, rassemblement de bestiaux.

(2) Dans sa séance du 5 complémentaire an 11, la Société d'Agriculture a délibéré que chacun de ses Membres, dans l'ordre du tableau, présenterait un rapport sur quelqu'un des objets qui concernent l'agriculture ou l'économie rurale.

suffisait pas pour traiter un sujet aussi important, et je me fusse entièrement découragé si je n'eusse pensé que tout ce qui concerne l'économie rurale n'a pas besoin, pour inspirer de l'intérêt, du prestige de l'éloquence et des talens de l'orateur: ma confiance s'est ranimée par l'espoir d'obtenir l'indulgence de cette Assemblée, je me suis enhardi par la pensée que, peut-être, elle me saurait gré des efforts que j'aurai pu faire, et qu'elle trouvera dans le desir ardent que j'ai de concourir à ses vues, un titre suffisant pour me rendre digne d'appartenir à une association, dont le but est d'étudier et de propager les moyens de multiplier les productions de la terre, d'augmenter la fortune publique et le bien être particulier, en éclairant sur les bienfaits de la nature, et mettant à la portée des classes les plus indigentes de la société, des procédés nouveaux consacrés par l'expérience.

L'assemblée n'ayant pas tracé à chacun de ses membres le cercle dans lequel il devait circonscrire ses études et ses travaux, a voulu laisser à leur gout et à leurs connaissances, le choix des matières dont ils peuvent s'occuper avec plus d'espoir d'utilité.

Mon attention s'est fixée sur l'établissement de la Mandria de Chivas. J'ai cru qu'il serait aussi agréable à la société, qu'utile à cette Contrée, de faire connaître les succès d'une entreprise formée dans ce département, sous les auspices et la protection du Gouvernement Français.

Mes rapports avec cet établissement, la connaissance que j'ai pris de ses opérations, m'ont mis à même de présenter des détails qu'il est peut-être de quelque utilité de publier.

La tâche la plus pénible des Sociétés d'Agriculture est, sans contredit, celle de vaincre les préjugés qui enchaînent aux vieiles routines, et cette tâche est d'autant plus pénible qu'en Piémont, le cultivateur attache quelque fois des idées superstitieuses, aux résultats qui n'ont d'autres causes que les vices du procédé qu'il suit aveuglément.

Je m'estimerai heureux si le compte que je vais vous rendre peut détruire d'anciennes erreurs, et conduire par la conviction, à perfectionner dans ce département les différentes branches d'industrie et d'agriculture dont je vais vous occuper.

Pour l'intelligence des matières, je les diviserai en trois parties.

Dans la première, je ferai connaître l'origine, la consistance et la situation du domaine de la Mandria.

Dans la seconde, je traiterai de l'introduction dans cette contrée, du troupeau de bêtes à laine de race espagnole, de sa composition actuelle, de son éducation, du croisement des espèces, des résultats que l'on à obtenus, et de tout ce qui intéresse cet important objet.

Dans la troisième, je déveloperai les moyens employés pour la culture des terres et autres objets qui concernent ou sont relatifs à l'agriculture de ce domaine

PREMIÈRE PARTIE.

ORIGINE DU DOMAINE DE LA MANDRIA, SA CONSISTANCE ET SA SITUATION.

Le Domaine de la Mandria a été composé de la réunion de plusieurs portions de terres acquises en 1764, par le Roi Charles Emanuel.

L'objet de cette acquisition fut de former un Haras. Des batimens immenses furent construits à cet effet et terminés en 1766, on y amena de plusieurs pays des chevaux de différentes races: ils y prospérérent, mais la mésintelligence s'étant, dit-on, établie parmi ceux qui dirigeoient cette intreprise, l'etablissement fut totalement supprimé en 1798, et les terres livrées à l'agriculture.

Une réunion de propriétaires et d'hommes instruits dans l'agriculture et l'économie rurale, forma le projet, sous le nom collectif de *Société Pastorale*, d'affermer ce domaine pour y établir un troupeau de bêtes à laine fine et perfectionner la culture de cette immense ferme, qui était presque restée dans l'abandon. La concession leur en fut faite pour 20 ans, le 21.e ventôse an 9.

Le Général JOURDAN, sous le titre de Ministre Extraordinaire de la République Française, approuva cette concession et protégéa l'établissement dans son principe. Ce guerrier après avoir cueilli les palmes de la victoire, vînt en Piémont pour y rétablir l'ordre, le calme et la paix, qu'il sçut y fixer par une bonne et sage administration (1).

La Mandria est située dans une plaine assez vaste à trois mille de la ville de Chivas, le terrein est, en général, sablonneux et disposé sur plusieurs couches de gravier: son étendue est de deux mille dix neuf journées (2); sa forme présente un quarré-long divisé par deux allées qui le traversent au centre; ces allées ont 7 trabues

---

(1) Vainqueur à Fleurus aujordhui maréchal de l'empire, Général en Chef de l'armée d'Italie. Le Général MENOU qui lui a succedé, a suivi les travaux de l'etablissement, et lui a accordé le même interèt et la même protection. Ces vues d'intérêt public ont été parfaitement secondées par le Préfet, sans cesse occupé du bonheur de ce département.

(2) 767 hectares 22 ares, la journée équivant à 38 ares.

de large (1), la longueur de celle qui se dirige du nord au midi, à partir du bâtiment, est de 800 trabucs (2).

Les terres sont arrosées par le canal de Caluse, qui y amène environ six roues d'eau (3).

Ce canal fut construit en 1556, par les troupes françaises qui occupoient alors le Canavais (4), le maréchal Brisacc qui les commandait, conçut et fit exécuter ce projet, les eaux sont dérivées du fleuve Orco au-dessus du bourg de Castellamont.

Dans le principe, ce canal ne portait qu'un petit volume d'eau, son objet particulier était de faire tourner un moulin construit dans la commune de Caluse, mais il a été successivement augmenté au point qu'il contient aujourd'hui environ trente roues d'eau.

En 1729, cette propriété fut réunie au

---

(1) 21 métres 574 millimètres.

(2) 2467 métres.

(3) La roue d'eau est composée d'un volume d'un pied liprand quarré ou 26 decimètres quarrés 364 millimètres.

(4) Le Canavais fait partie du département de la Doire.

domaine Royal, et en 1766, époque où le bâtiment de la Mandria fut construit, on continua le canal jusqu'au territoire des domaines qu'il arrose: cette irrigation fertilise aujourd'hui environ quinze mille journées de terrein (1) sur 14 communes qu'il parcourt dans l'espace de cinq lieues et demie.

On remarque sur la commune de S. Georges, une route souterraine d'environ 250 toises, percée à travers une montagne, pour le passage des eaux, ainsi qu'on le voit au canal du Languedoc près de Beziers, à l'endroit dit le *Malpas*.

Sept cassines (2) sont établies sur divers points du territoire de la Mandria, pour favoriser et faciliter l'exploitation des terres: le bâtiment principal est placé au centre; quatre portes correspondent aux quatre grandes avenues ou allées.

L'enceinte de ce bâtiment qui est de

---

(1) 5700 hectares.
(2) Le mot *cassine* équivaut à celui de grange, ferme, métairie.

forme quarrée (1), est d'une étendue de 3978 trabucs (2); il est divisé en trois cours: celle du milieu a 255 pieds de long, elle renferme au levant et au couchant, deux vastes pavillons à deux étages, destinés au logement des maîtres et des ouvriers, les autres côtés présentent des arcades à deux étages, le rez-de-chaussée sert de hangard, et le dessus est destiné à des magasins: les pilastres qui soutiennent et divisent les arcades. ont 5 pieds de large et 27 de haut. Dans cette même cour sont placés les atteliers du charron et du maréchal; à l'extérieur est une chapelle pour l'exercice du culte; au milieu de la cour est un puits entouré d'un abreuvoir de forme circulaire, d'un diamètre de dix toises, cet abreuvoir est élevé de trois pieds, l'auge en pierre de taille, a un pied de profondeur. l'eau y arrive par des conduits et s'y renouvelle

---

(1) La société pastorale a pensé qu'un plan figuratif donnerait une idée plus juste des bâtimens, et du terrein. C'est aux soins des sociétaires qu'on doit la planche qui termine cet ouvrage.

(2) 12220 mètres.

constamment; on ne se sert du puits que dans le tems où le canal est à sec.

La cour du côté du Nord, est divisée en deux par la porte d'entrée du bâtiment. C'est dans cette cour que sont les bergeries du troupeau et les logemens des bergers. Ces bergeries ont 52 pieds de large et 52398 pieds quarrés de superficie, les ouvertures et les portes sont fermées par des barrières à clair-voye, de manière que l'air s'y introduit et y circule facilement, les pillers qui soutiennent le comble du couvert, ont 32 pieds de haut.

La cour parallèle du côté du midi sert à battre les grains, elle est entourée de hangards ouverts ou de granges pour renfermer les récoltes.

On remarque dans cette cour, un poids ou romaine exécuté par Charles Roggero de l'académie de Turin. Il existe en Angleterre des romaines du même genre, mais celle-ci parait avoir été perfectionnée par son auteur, qui a travaillé quelque temps à Londres. Voici la description de ce poids.

Au niveau du terrein, un tablier semblable à celui d'un pont levis construit en forts madriers et revêtu de lames de fer, repose sur quatre leviers également en fer, qui, dans leur direction diagonale, aboutissent au milieu et en dessous du tablier : ces quatre leviers ont chacun leur point d'appui aux angles supérieurs de la chambre dont le tablier forme le plancher: à chacun de ces leviers et à peu de distance du point d'appui, est une crapaudine qui reçoit un pivôt placé à chacun des angles du tablier.

Ces quatre leviers se réunissent à leur centre à un autre levier dont la direction devient perpendiculaire à la situation du tablier; un gros piller en maçonnerie, qui est à peu de distance de ce centre, forme le point d'appui de ce dernier levier, celui-ci aboutit par son autre extrémité, à une tringle de fer qui forme le contrepoids de la balance du péseur, placée dans un cabinet en face et à portée des objets que l'on pèse.

Les poids sont d'un petit volume, 20 livres (1) correspondent à 128 rubs (2).

---

(1) 7 Kilogrammes 377 grammes.
(2) Le rubs est de 25 livres.

Cette romaine ne peut pas peser plus de 256 rubs 15 livres et moins de six onces. Au dessous du bassin sur lequel on place les poids, est un tiroir rempli de petit plomb, on en diminue ou augmente la quantité selon que le tablier est plus ou moins humide: c'est par ce moyen que la romaine est toujours en balance; les charriots chargés sont pesés presque aussitôt qu'ils passent sur le pont levis, sans qu'on ait besoin de dételer les bœufs ou chevaux qui les traînent. Il serait à desirer qu'on multipliât l'usage d'une machine aussi ingénieuse, et aussi simple dans sa construction; elle serait surtout très utile dans les halles, sur les ports de mer et dans tous les magasins et maisons de roulage, où on pèse de gros fardeaux, ce qui nécessite l'emploi de beaucoup de bras, exige un tems assez long et entraine souvent des inconvéniens de plus d'un genre. Cette romaine réunit à l'avantage de la célérité, celui d'économiser un grand nombre d'ouvriers et de ne les exposer à aucun danger: de prévenir également ceux que la chute d'une barique ou d'un fardeau occasionne quelque fois, en avariant l'objet qui y est contenu. La dépense qu'on ne peut pas évaluer au dessus de 1500 f., ne parait point à considérer, eu égard à son utilité.

Les cassines sont des bâtimens simples et rustiques, qui n'ont rien de remarquable, si ce n'est à celle ditte de la *Violina*, une étable qui renferme cent vaches, et une fromagerie établie à l'instar de celles de Suisse. On trouve auprès, une glacière dont l'usage est principalement consacré à l'utilité de cette fromagerie.

La construction de cette glacière n'est, sansdoute, pas nouvelle, mais elle est si simple et si facile, elle peut être d'une si grande utilité, que, sous ce rapport, elle mérite de fixer un instant l'attention.

Sa forme est absolument celle d'un œuf dont le gros bout serait enfoncé en terre. La partie creusée a 2 trabucs de diamètre, 3 pieds 6 onces de profondeur et le cône extérieur qui forme la toiture, un trabuc et demi de hauteur. Au milieu de la partie creusée en terre, on pratique un puisard de 28 onces de profondeur et de trentesix de diamètre : ce creux est destiné à reçevoir les filtrations de l'eau et de la glace. Si le terrein est argileux, il est utile d'établir un déchargeoir au puisard, en pratiquant un petit canal pour faciliter l'écoulement des eaux ; mais si la position du local s'y oppose, c'est-à-dire si le terrein n'a aucune pente, alors on construira l'échafaudage de la glacière entièrement hors terre, et on recouvrira la base à la hauteur indiquée, au moyen du transport d'autre terre prise dans le voisinage, de manière qu'elle soit enfoncée de 3 pieds 6 pouces. On place plusieurs morceaux de bois sur le puisard afin que la glace ne puisse pas y tomber et empêcher la filtration. On garnit les parrois de la partie qui est en terre, de lattes minces auxquelles on attache de la paille, à peu près, comme on en use pour couvrir les maisons. On dispose ensuite le couvert en forme de cône avec des lattes, à la distance d'environ deux pieds, réunies par le haut: c'est sur ces lattes qu'on établit la toiture en chaume ou en paille. A l'un des cotés le plus opposés au soleil, on pratique une porte qui a la forme d'une fenêtre en mansarde, cette porte est fermée au moyen de deux paillassons. C'est par cette porte qu'on introduit la glace et par des ouvertures que l'on fait momentanément dans le cône, afin de le remplir jusqu'au sommet, on a soin de recouvrir la glace d'environ trois pouces de bâle de blé. Tous les deux ans on change la paille des parrois intérieurs du fossé.

On voit par ce détail, que le moindre fermier, le plus petit propriétaire, peut trouver a peu de frais dans les possessions qu'il cultive, les matériaux nécessaires pour construire une semblable glacière, sans avoir besoin de recourir à des hommes de l'art pour les mettre en œuvre: en cet état la glace se conserve parfaitement. Cette année au 14 fructidor, la glacière était encore à moitié.

Dans la plus part des pays méridionaux et surtout dans les campagnes, les habitans ne connaissent pas l'usage de la glace, elle serait cependant nécessaire à leur santé, suivant l'avis de plusieurs médecins. Dans d'autres contrées, ils manquent d'eau, en été ils ne boivent que des eaux croupies et mal-saines: dequelle ressource ne seraient point alors des glacières qui coutent si peu à établir? et qui par conséquent, sont à la portée des personnes les moins aisées.

Les vastes bâtimens de la mandria, entièrement construits en brique, présentent une noble simplicité et donnent une idée de la grandeur des vues de leur fondateur.

Ces bâtimens renferment le troupeau de bêtes à laine qui est d'environ cinq mille et qui cette année, sera porté à près de sept mille. Trente six paires de bœufs, trente mules ou chevaux, plus de deux cent vaches, environs cinquante cochons, cent trente charriots ou charretes de différentes formes ou grandeurs, et trois cent soixante quinze ouvriers. Dans le tems des recoltes ce nombre est porté jusqu'à cinq cens.

Les jardins n'ont rien de remarquable, on n'y recolte que des légumes et peu de fruits: les volailles ont été supprimées de la basse cour: les administrateurs de la mandria n'ont voulu y conserver que ce qui est essentiellement utile, ils en ont éloigné tout ce qui pouvait être considéré comme objet de luxe, ou d'amusement, affin que rien ne put les distraire des détails importans et de la surveillance continue, qu'exige ce vaste établissement.

SECONDE PARTIE.

DES BÊTES À LAINE DE RACE ESPAGNOLE.

§ I.er

DE LEUR INTRODUCTION DANS LE PIÉMONT.

Ce fut M. Graneri, qui au retour de son ambassade en Espagne, conçut l'idée d'introduire dans le Piémont, la race de bêtes à laine de Ségovie. Ministre du Roi de Sardaigne, il sollicita et obtint de la cour de Madrid, la permission d'extraire un troupeau de 150 brebis et quelques beliers de la plus belle espèce. Ce troupeau arriva en Piémont en 1793; une partie fut distribuée à divers propriétaires, le surplus entretenu pour le compte du Gouvernement.

Qu'elle contrée pouvait, plus que le Piémont, offrir les moyens de se procurer un nouveau genre de richesse inconnu jusqu'alors?

Tout le monde connaît la fertilité de

son territoire, on sait que des rivières qui tirent leur source des alpes, arrosent, à l'aide de canaux d'irrigation, des prairies abondantes, que l'influence de la chaleur rend d'autant plus productives, qu'en été la fonte des neiges élève l'eau et augmente par conséquent, les moyens d'arrosement, avantage inapréciable.

La proximité des montagnes qui, pendant la belle saison, sont couvertes de Pâturages, fournit de nouveaux moyens d'entretenir les bestiaux.

Le troupeau amené d'Espagne, fut soigné et les efforts de l'Accadémie de Turin, réunis à ceux des particuliers, conservèrent ce dépôt précieux, qui prospéra même au milieu des événemens de la guerre et des troubles qui agitérent bientôt le Piémont.

Plusieurs des propriétaires, qui possédaient une fraction de ce troupeau, sentirent qu'un grand établissement offrirait des moyens qui ne se rencontrent point dans une entreprise partielle, toujours plus dispendieuse en raison des frais, qui sont souvent peu proportionnés à l'objet auquel ils s'appliquent. Ces motifs déterminèrent ces propriétaires à se réunir en société.

Les divers troupeaux qui arrivèrent à la Mandria, formèrent d'abord un total d'environ deux mille bêtes, en trois ans le nombre a été porté à cinq mille.

§ II.

CROISEMENT DES RACES.

Borner l'entreprise à acclimater dans l pays une nouvelle race, c'eut été n'obten qu'un demi succès; la progression eut trop lente; il fallait la réunir et la croi avec l'espèce indigène, afin d'accélérer propagation et faire disparaître de c contrée, la mauvaise espèce qui y exist

Dès l'année 1795, on se procura belles brebis des états des Naples, de Romagne, et de Padoue.

Les Napolitaines sont hautes de jaml ont la tête busquée, chanfrin fort éle les oreilles longues, point de cornes, l corsées, et de la taille de 16 à 17 pouc Elles n'ont point de laine sous le ventre, pèsent en chair environ 80 livres. Leur lain dans l'état naturel, est plus fine que celle des brebis du pays, mais on a remarqué qu'elle est sans nerf: elle pèse environ 5 livres par tonte en suint.

Les Romaines ne diffèrent des Napolitaines qu'en ce que leur tête est moins busquée, la laine n'est point aussi fine, mais elle pèse une livre de plus par tonte.

C'est avec ces différentes espèces qu'on a fait les accouplemens avec des beliers de race pure d'Espagne : chaque croisement a sensiblement amélioré la finesse de la laine. La 1.ere année l'agneau tient le milieu entre le père et la mère, à la seconde ou à la troisième année, il égale quelque fois la qualité du belier; ce n'est cependant qu'à la quatrième génération que l'espèce se trouve à sa perfection, mais il est indispensable de ne se servir que de beliers de race pure parceque la race croisée produit une espèce, qui, loin de s'améliorer, peut revenir à sa première origine. On a remarqué au contraire, que les brebis de race croisée. sont préférables à celles de race pure.

Le mâle influe beaucoup plus que la femelle dans la qualité de l'agneau : c'est une observation qu'on a constamment faite à la Mandria, Daubenton l'a également faite. M. Collegne, l'un des sociétaires qui possède en son particulier un troupeau de quinze cens bêtes, l'a confirmée dans un mémoire inseré n.° 157 de la Bibliothèque-Britannique.

Un cultivateur des environs de Valogne Département de la Manche, rapporte, dans une lettre du 21 pluviose an 12, insérée au Moniteur, qu'il a accouplé un belier de race Espagnole avec de belles brebis Normandes, qu'il a obtenu des productions moins délicates et qui joignent à cet avantage, celui de fournir un quart de laine de plus.

M. Lullin de Genève, a fait la même expérience, il dit que » quelle que soit la » grossièreté de la toison de la mère, si » d'ailleurs elle est bien saine et bien con- » formée, on aura à la 2.e ou à la 3.e gé- » nération, des produits approchans de la » finesse de leur père et la certitude d'ob- » tenir ce résultat à la quatrième génération ».

Enfin les essais faits à Rambouillet et dans beaucoup d'autres lieux, ne laissent plus de doute que l'accouplement des mérinos de race pure d'Espagne, avec des brebis de toute autre espèce, produit une nouvelle génération qui s'améliore avec plus ou moins de rapidité et de perfection.

Mais il est aussi reconnu que le choix des brebis contribue également à hâter le moment de cette perfection. Cependant il serait dangereux de préférer des bêtes faibles ou mal saines, mal conformées ou qui ne se plairoient point dans le nouveau pays où on voudrait les acclimater, par la seule considération que leur laine est plus fine: il vaut mieux préférer celles du pays quoique plus communes, si d'ailleurs elles sont saines, bien corsées et qu'elles soyent accoutumées au climat et aux pâturages.

Cela est si vrai, qu'on voit dans plusieurs contrées des troupeaux se nourrir et prospérer avec des herbes grossières ou peu abondantes, tandis que d'autres qui seroient amenés dans ces paturages, y périroient de faim.

Je citerai les moutons des morelands en Angleterre, qui se nourissent avec de la bruyère, des joncs et quelque peu de grosses herbes; ceux qui vivent sur des montagnes du Languedoc, où il ne pousse que peu d'herbe, sont dans le même cas.

S'il est facile avec des beliers de race

pure, de se procurer un troupeau dont la finesse de la laine rivalise avec celle de Ségovie, la conservation de cette espèce exige des précautions et des soins constans; la moindre négligence peut ramener l'espèce à son état primitif, ou la dénaturer de manière à faire perdre en peu de temps, le fruit de plusieures années de travaux et de peines. On a vu en Angleterre, dans le Comté d'Yorck, la race s'abâtardir entièrement par le défaut de soins; ce n'est qu'en y introduisant des beliers des meilleures espèces, qu'on a effectué la régénération; le mal était si grand qu'on reconnaît encore chez quelques cultivateurs négligens, des traces de cet abâtardissement.

Les Anglais attachent un si grand prix à la qualité des beliers qui servent à introduire l'espèce dans leurs troupeaux, qu'ils payent jusqu'à trois guinées pour faire saillir une brebis. Des beliers ont produit jusqu'à mille guînées à leur maitre: le Duc de Bedfort en a loué un pour un an, moyennant cinq cent guinées.

La Société Pastorale s'est pénétrée de cette vérité; elle met le plus grand soin à séparer les beliers les plus robustes, les mieux conformés, et qui ont la laine la plus fine.

Les *mêlis* mâles sont constamment séparés du reste du troupeau; jamais on ne les fait servir à la propagation, parceque, loin d'améliorer la race, il est presque certain qu'elle reviendrait à son état primitif: la nature, si elle n'est aidée, tend souvent vers la dégénération des espèces.

Qu'un laboureur néglige, pendant plusieurs années, de faire un choix dans la semence des grains, et qu'il employe le produit de ses récoltes successives sans aucune précaution, il est certain que la qualité des céréales diminuera sensiblement, tandis que s'il fait un choix scrupuleux et surtout s'il se sert de semences récoltées sur d'autres terreins, il aura toujours des récoltes plus belles.

Des plantes se sont abâtardies faute de soins, et d'autres ont acquis de nouvelles qualités par la culture et les précautions que l'on a employées pour les reproduire et les multiplier.

Il devient donc essentiel, si on veut atteindre au plus haut dégré de finesse des laines, d'avoir la plus grande attention d'accoupler les plus beaux beliers avec les plus belles brebis; c'est l'expérience qui a donné cette leçon utile: il faut en profiter.

Les moutons métis sont châtrés à la 2.ᵉ année, parcequ'à cet âge, leur corsage a pris tout l'accroissement dont il est susceptible. On les vend à la 4.ᵉ, par la raison qu'à mesure qu'ils avancent en âge, ils produisent moins de laine; mais il dépend du propriétaire de les garder plus long temps, si son troupeau n'est pas trop nombreux, eu égard aux moyens qu'il a de le nourrir et de le loger.

§ III.

DE L'ACCOUPLEMENT.

L'accouplement se fait au mois de prairial et pendant que le troupeau est sur la montagne, où il est envoyé dès les premiers jours de ce mois.

Plusieurs motifs ont déterminé la Société Pastorale à fixer ainsi le temps des accouplements.

Le premier, parce qu'à cette époque les brebis sont en rut et demandent, par conséquent, le male, qu'elles reçoivent avec plaisir (1).

Le second, que les brebis étant alors en liberté, dégagées de leur toison, respirent un air pur et frais, sont plus ragoutantes et disposent le belier à l'œuvre de la propagation.

Le troisième enfin, que les brebis portant cinq mois, elles agnelent toutes au mois de brumaire ou au commencement de frimaire; par cet ordre, les agneaux différent peu d'âge et acquièrrent avant le nouveau départ pour la montagne, la croissance et la force nécéssaires pour supporter les fatigues du voyage.

Dans l'établissement de Rambouillet et en Normandie, les brebis mettent bas au commencement de nivose.

---

(1) La bonne ou mauvaise nourriture et la température du climat contribuent à avancer ou retarder le temps où les brebis entrent en chaleur.

En Angleterre on donne généralement le belier depuis le mois de fructidor à celui de nivose. Cette méthode ne serait pas praticable dans un climat chaud où les bestiaux ne se nourissent pas toute l'année. la naissance des agneaux serait trop tardive elle dérangerait l'ordre établi pour la toute et le départ pour la montagne.

Quelques agriculteurs ont pensé qu'on devait donner le belier dans le courant du printemps, afin que la délivrance des mères arrive au commencement de l'Automne et à l'issue des vendanges. ce qui donne aux agneaux le temps de se fortifier, pour mieux supporter les rigueurs de l'Hiver.

C'est une erreur de penser que les agneaux craignent le froid. M. Marshal (1) rapporte qu'après une nuit rude et par un vent extraordinaire, la neige et les frimats, il a trouvé le matin, les agneaux gais, sautant et courant, pas un seul couché ni bellant avec le son de la plainte.

La Société-Pastorale a consulté la nature

---

(1) Auteur de l'agriculture-pratique des différentes parties de l'Angleterre.

et les localités: sa méthode parait donc devoir être suivie dans le Piémont, et dans tous les pays d'une température à peu prés égale.

M. Marshal observe que pour obtenir des agneaux jumeaux, on soigne et on nourrit parfaitement les brebis, quelques semaines avant de leur donner le belier: il ajoute, qu'à Atingham dans le district de Norfolck, un propriétaire lui a fait voir quinze agneaux provenus de sept brebis. Ce particulier avait eu l'année précédente neuf agneaux de trois brebis de cette même espèce, qu'il possede dèpuis neuf ans.

Du rapprochement de ces deux citations on voit, d'une part, que M. Marshal attribue les jumeaux à la bonne nourriture qu'on donne aux brebis et, de l'autre, il semble penser que les doubles et triples portées proviennent de leur espèce.

À la Mandria, où la nourriture des brebis est égale, on a remarqué que les Napolitaines font plus souvent des jumeaux, mais on a aussi l'exemple qu'une romaine a fait trois agneaux.

Les beliers sont livrés aux brebis, dans

la proportion de trois à cinq pour cent, c'est à dire que cinq mâles au plus suffisent pour saillir cent femelles.

En Angleterre un seul belier servait autrefois, soixante à quatre-vingt brebis; ce nombre est aujourd'hui doublé. Chaque belier est placé dans un petit enclos, séparé, on lui amene les brebis une à une, il ne les sert qu'une fois, de sorte, que dans une saison un belier peut en saillir jusqu'à cent quarante. On ne prend d'autres précautions que de les bien nourir.

Cette manière de faire servir les beliers, parait la plus économique et la plus avantageuse sous bien des rapports: un petit nombre de beliers suffit à un troupeau, et loin d'en être plus fatigués, ils se conservent au contraire, dans un état plus calme. On ne leur fournit les femelles qu'à mesure qu'ils paraissent les désirer et on peut au besoin, en restreindre le nombre et même les en priver pour quelques jours; tandis que les beliers étant livrés au milieu d'un troupeau de brebis, peuvent s'extenuer en peu de tems, s'ils sont d'un tempérament ardent, et retourner plusieurs fois inutilement à la même femelle. On a vu en vingt-quatre heures un belier en servir quarante : d'ailleurs les combats que ces animaux se livrent entr-eux contribuent à les fatiguer ; ils se retirent souvent de la lutte la tête ensanglantée. Quelques fois ils succombent et meurent au premier coup ; le troupeau de la Mandria en a offert cette année plusieurs exemples.

La Société-Pastorale ne tardera pas sans doute à reconnoître que la méthode Anglaise est préférable, en supposant, qu'on puisse l'employer pour un troupeau nombreux, ce qui ne parait pas douteux.

C'est quarante jours aprés que les beliers ont été réunis aux brebis portières, qu'on les sépare de nouveau, ce tems suffit pour opérer les accouplemens.

M. Carlier dans son traité des bêtes à laine, dit qu'un laboureur qui formerait, hors le tems du rut, un troupeau particulier des beliers et nourrirait séparément les brebis sans moutons, sans agneaux, et sans antenoises, pourait se flatter d'avoir usé du meilleur expédient pour se procurer des agneaux d'une belle venue.

Ce moyen est mis en pratique à la Mandria, les résultats justifient l'opinion de M. Carlier. On sent qu'il serait difficile de l'employer dans un petit troupeau: aussi on ne peut considérer, comme véritablement susceptible d'une grande amélioration, que celui dont chaque division peut occuper un berger.

Les beliers destinés à la propagation sont choisis à l'âge de trois ans et les brebis portières à deux. L'âge de la vigueur des beliers est jusqu'à six ans; il y en a cependant qui servent plus longs tems, mais on ne se décide à des exceptions à cette régle générale, que sur des sujets extrêmement robustes et dont le corsage et la finesse de la laine font désirer d'en augmenter l'espèce. Il y en a un à la Mandria, qui a quinze ans, et qui a servi cette année, quelques brebis: on le considére, s'il est permis de s'exprimer ainsi, comme un vieux invalide dont les anciens exploits commandent le respect; il n'a plus de dents, on est obligé de le nourrir séparément des jeunes avec lesquels il ne peut plus lutter, la peau de sa tête est toute ridée et annonce la décrépitude de son être.

Les observations faites par la Société Pastorale ont confirmé (ce que quelques auteurs ont avancé) que les jeunes beliers produisent plus de femelles et les vieux plus de mâles, et que les agneaux se ressentent presque toujours de la vigueur ou de la faiblesse des individus qui les procréent. Il est donc nécéssaire d'en faire un choix scrupuleux.

Dans cette contrée on pourrait avec succés, employer au croisement de la race, les brebis du Biellais (1); elles différent peu dans le corsage de celles d'Espagne et leur laine est moins commune que celle des autres troupeaux du pays, elles sont d'ailleurs parfaitement acclimatées.

(1) Ancienne province de Bielle qui fait partie du Département de la Sésia.

§ IV

DES AGNEAUX.

Les brebis mettent bas en brumaire et frimaire, comme il a été observé au paragraphe précédent. C'est le moment où les bergers sont occupés jour et nuit à surveiller et à aider la délivrance des brebis portières. Si la nature opére seule, les soins du berger se bornent à placer la mère et l'agneau nouveau né, dans le bercail qui leur est destiné. Tous les accouchemens sont terminés dans quarante jours ou environ.

Pendant leur grossesse, les portières n'exigent aucuns soins particuliers; elles doivent seulement être bien nourries, c'est ce que la Société-Pastorale fait observer; elles rentrent à la bergerie, en frimaire, pour n'en sortir qu'après la tonte qui se fait en ventose: on les tient ainsi enfermées afin de leur faciliter les moyens de mieux nourrir leurs agneaux. La naissance de ceux ci est consignée sur un registre avec mention de leur origine maternelle, (celle du père n'étant pas connue) (1) on leur assigne un N.° pour faciliter les remarques et les expériences et mieux connaître la composition de chaque troupeau.

Pendant les premiers jours de la naissance de l'agneau on le laisse avec la mère pour qu'il apprenne à la reconnaître, sans lui donner aucun autre soin.

Madame Gacon du Four (2) indique de couvrir les agneaux de sel, les mères, dit elle, les lèchent avec avidité, cela les fait délivrer plus promptement.

M. Carlier (3) prétend au contraire, que l'usage du sel ou du miel est préjudiciable. Le sel est nuisible à l'agneau par son acrimonie, et le miel forme une glue sur la peau. Il vaut mieux les soupoudrer, dit-il, avec du son, les mères l'aiment autant que le sel et le miel, et les particules de ce son que la brebis ne lèche pas et qui res-

---

(1) C'est ici le lieu de faire observer que la méthode Anglaise rappellée au § 3, a l'avantage de faire connaître l'origine *mâle*.

(2) Auteur d'un Recueil-pratique d'économie rurale et domestique.

(3) Traité des bêtes à laine.

tênt sur le jeune animal, contribuent à dissiper le reste de l'humidité. Il ajoute de se garder de suivre l'avis de quelques écrivains qui recommandent de secher cette humidité en passant un linge sur le dos de l'agneau, ou bien de l'essuyer avec du foin fin, la mère ne voudrait plus reconnaître son agneau.

Ces précautions paraissent n'avoir aucun objet vraiment utile, puisque l'expérience démontre qu'à la Mandria où on n'en employe aucune, et dans beaucoup de pays où les brebis agnélent au milieu des champs, les agneaux se portent bien, prospérent également et peut être mieux. Il faut suivre la nature et ne l'aider que lors qu'elle le demande.

Après quelques jours on sépare l'agneau de sa mère et on les place l'un et l'autre, dans des bercails particuliers. Ces bercails ou enclos, sont formés avec des planches à la hauteur d'environ trois pieds. Deux fois par jour et toute la nuit, ils sont réunis, peu de momens suffisent pour que chaque nourrisson ait trouvé sa mère, aussitôt, au bêlement et au tapage, succède un calme parfait (1).

L'agneau s'il était toujours auprès de sa mère, la tourmenterait et sucerait le lait goute, à goute; au lieu qu'il en prend à son aise après quelques heures de séparation.

C'est sans doute une erreur de penser qu'une brebis ne peut pas nourrir deux agneaux. La nature qui a tout combiné avec sagesse, a aussi prévu ce cas. on a cité l'exemple des brebis qui en ont fait trois et les ont nourris: il est vrai que si la brebis était en mauvais état et qu'on n'en eut pas un soin particulier, elle ne suffirait point à l'abondance de lait que demandent plusieurs agneaux.

À la Mandria on tient les jumeaux et leurs mères dans des bercails séparés afin de les mieux nourrir. A l'époque du sevrage ils sont en tout égaux aux autres et on en voit quelque fois passer dans le troupeau d'élite.

---

(1) Voyéz les notes sur l'instinct des bêtes à laine, à la fin de ce mémoire.

On compte une double portée sur dix, et la perte qui résulte des brebis stériles ou des agneaux morts par accident, à raison de vingt pour cent, de manière que le nombre des agneaux élevés surpasse toujours d'environ cinq pour cent, celui du troupeau de brebis portières.

Les agneaux mâles sont séparés des femelles, à six mois, époque du sevrage, afin d'empêcher les accouplemens.

Cependant, malgré ces précautions, on trouve tous les ans quelques femelles pleines: c'est une perte véritable, la mère s'affaiblit et ne peut pas toujours resister à l'accouchement; l'agneau n'est jamais robuste, il n'est pas susceptible d'être conservé n'étant pas de race pure. Cette année on a éprouvé un autre inconvénient: vingt sept brebis mères ont été saillies par les agneaux avant le sevrage, ce qui peut donner une idée de la force et du tempérament de ceux-ci.

La Société-Pastorale ne fait aucun usage du lait de brebis. L'expérience a demontré que le produit qu'on peut en retirer n'est pas compensé par la diminution sur le poids de la tonte, les agneaux seroient d'ailleurs moins robustes par cette privation.

Dans le Languedoc, la Provence et dans quelques autres contrées, le lait de brebis sert à faire des fromages: les fermiers s'en font une ressource eu égard au bas prix de la laine et au peu de vaches qui se nourrissent dans ces pays. Mais dans le Piémont, où le lait abonde et par tout où on élève des troupeaux de race Espagnole, on sentira la nécessité de ne pas traire les brebis, non seulement sous le rapport de la compensation du produit avec la laine, mais encore par l'avantage qui en résulte pour la croissance des agneaux et la santé des mères.

La tonte de la laine contribue beaucoup à faire perdre le lait: on en attribue la cause à la suppression de la transpiration et à la petite maladie que cette opération fait éprouver aux brebis. C'est un motif de plus pour en fixer l'époque un peu avant le sevrage afin que la quantité du lait diminue d'une manière insensible.

Les agneaux sont quelque fois tourmentés par les mouches, on donne, comme moyens préservatifs, de les oindre sur dos avec de l'huile de baleine, ou de la fleur de souffre mélée avec du beure. Mais ces moyens ne paraissent praticables que sur un petit troupeau; aussi ne l'a-t-on pas mis en usage à la Mandria, d'ailleurs la naissance des agneaux ayant lieu en brumaire ou frimaire la laine a le tems de pousser avant que les mouches puissent les incommoder.

Environ vingt jours après la naissance des agneaux on les marque. On suit le procédé usité en Angleterre, il consiste à leur percer la membrane de l'oreille avec un emporte-pièce et à y placer une espèce de bouton à manche; sur la face extérieure de cette marque, qui est en plomb, on grave un n.° correspondant à celui du registre de naissance.

Cette marque, appliquée comme on vient de le dire, gêne par son poids, (qui est d'environ 2 gros) le mouvement de l'oreille et la déchire très souvent: on remarque qu'une grande partie du troupeau l'a déjà perdue. Il serait peut être mieux sous bien des rapports, de leur percer l'oreille avec une aiguille d'argent et d'y passer de suite un petit anneau de plomb, au bas duquel après l'avoir soudé, on suspendrait une plaque de cuivre mince, portant le numéro. Cette espèce de boucle-d'oreille serait placée près de la tête de manière à ne pas gêner l'animal. Il n'est pas douteux que ce procédé ne fut plus solide et à portée d'être mis en pratique par le berger le moins expérimenté.

§ V

DE LA NOURRITURE DU TROUPEAU, ET DES MOYENS D'AUGMENTER LA QUANTITÉ DE LA LAINE.

Personne n'ignore aujourd'hui que les soins et la bonne nourriture des troupeaux, contribuent d'une manière avantageuse à augmenter le poids et même la finesse de la laine; le gout de la chair acquiert aussi un dégré de bonté.

La qualité des herbages peut également y influer, mais si un troupeau est bien entretenu, il est constant qu'il prospère dans tous les pays où il est acclimaté, qu'elle que soit la nature des paturages.

En Espagne on est convaincu que le soin du troupeau est un moyen nécéssaire pour conserver la finesse de la laine, aussi l'instruction du berger y est-elle portée au plus haut point. C'est dans ce pays où les arts sont encore négligés, qu'on trouve des vestiges de cette vie pastorale qui, dans le premier âge du monde, honorait et rendait heureux ceux qui s'y livraient.

Les moutons de Pré-salé, ceux du Département du Calvados, sont d'une qualité supérieure pour la chair et pour la laine: c'est aux pâturages qu'on l'attribue.

Les moutons de Ganges (1) jouissent à juste titre, d'une réputation méritée; la bonté de leur chair provient particuliérement de la manière de les nourrir. On leur fait brouter l'avoine aussitôt qu'elle a quelques pouces de hauteur; aussi voit-on des agneaux de moins d'un an, peser jusqu'à 80 livres. On en envoyait autrefois à Paris.

Madame Gacon-Dufour prétend qu'on peut par les soins et la nourriture, porter les laines ordinaires à rivaliser de finesse avec celles

(1) Département de l'Herault.

d'Espagne. Cette infatigable et estimable ménagère veut sans doute prouver que ces moyens contribuent à l'amélioration, mais il est certain qu'ils sont insuffisans pour changer, d'une manière bien sensible, la qualité de la laine.

Dans le Piémont où en général on ne prend aucun soin des bêtes à laine, elles sont d'une chétive espèce, la grossièreté de la laine ne la rend propre qu'à des étoffes très-communes. Peu de personnes en mangent la viande. Leur répugnance est telle, que des gens très-pauvres dédaignent la soupe et les ragouts de mouton et préférer leur pain sec ou la *polante*. C'est cependant se priver d'une grande ressource. Dans le Languedoc, la Normandie et dans plusieurs Départemens de la France le mouton sert principalement à la nourriture des habitans, sa chair est d'un très-bon gout, et n'a aucun inconvénient pour la santé.

Le troupeau de la Mandria est conduit pendant cinq mois de l'année sur les alpes où il trouve des herbages abondans et un air pur. A son retour on le fait paître sur les prés [illegible] jusqu'à ce que la neige couvre la terre; alors il rentre dans la bergerie et n'en sort qu'en ventose. Pendant tout ce temps les beliers et les brebis d'élite sont nourris avec le foin de première qualité: les coupes subséquentes sont données aux agneaux.

Ce que le troupeau d'élite et les agneaux ne mangent point, passe aux moutons: s'il en reste encore, ce qui arrive rarement, on le donne aux vaches: par ce moyen rien ne se perd et chacun des troupeaux est nourri d'une manière convenable.

On compte pour chaque mouton et par jour quatre livres de foin, et trois livres pour les brebis; lorsqu'on leur donne du son, des pommes de terre, des choux, des raves etc. ils mangent moins de foin.

On se sert pour hacher les pommes de terre d'une espèce de pilon qui a au bout un fer tranchant en forme d'S, cet instrument opère lentement et les morceaux sont inégalement coupés.

M. Leonhardi de Léipsick, a inventé une nouvelle machine très simple et très expéditive pour couper les légumes. C'est une roue garnie de six couteaux tranchans;

on en trouve la description n.° 12. I. année de la Bibliothéque phisico-économique, on pourrait l'employer avec succès à la Mandria et dans toutes les fermes un peu considérables.

Les agneaux indépendamment du lait de leur mère, reçoivent, aussitôt qu'ils sont en état de manger, un mélange de son, de pain-biscuit ou de galette de noix, mais le plus souvent du petit-son seul. La portion de cette mixtion ou provende pour chacun et par jour, est de huit à douze onces selon leur grosseur. Les brebis portières reçoivent aussi une ration de petit-son.

Pendant le temps que le troupeau paît sur les prairies ou les pâturages de la plaine, on a soin de ne le sortir qu'après que la rosée est dissipée.

En Espagne, où les troupeaux vivent en plein air, on a la même attention. L'humidité de la rosée expose les moutons à la pourriture; elle les rend soucieux, mélancoliques, dégoutés, ils languissent et meurent.

L'usage du sel produit les meilleurs effets sur les bestiaux, lorsqu'il est bien administré, mais il peut devenir funeste si on le donne sans mesure.

A la Mandria on le distribue par semaine à raison d'une once quatre gros environ pour chaque bête. Dans le temps sec on augmente la dose, ou selon que le pâturage est plus ou moins bon.

M. Flandrin Directeur et Professeur de l'école vétérinaire d'Alfort, a publié en l'an deux, les expériences qu'il a faites à cet égard. Il en résulte qu'on peut donner par jour à chaque bête à laine 2 à 4 gros. Il observe que le sel est plus nécessaire au printemps et à l'Automne que pendant l'été et l'Hiver, dans les pays tempérés que dans les climats chauds.

Madame Dufour dit qu'elle a employé le sel avec succès pendant la sécheresse, qu'elle en a donné à des agneaux tardifs qui ont pris une telle croissance qu'elle a été obligée de les faire tondre en août; Elle a aussi remarqué que le suint montait plus vîte.

Hart-fer, Carlier, Daubenton, et presque tous ceux qui ont écrit sur l'éducation des bètes à laine, conviennent que l'usage du sel est nécessaire à ces animaux et le considérent comme un préservatif des maladies dangereuses.

Dans le Languedoc et tout le midi de la France, où on fait usage du sel, la clavelée n'est presque pas connue (1).

En Suisse, les maladies epizootiques sont devenues très-rares depuis qu'on fait usage du sel.

Il paraît donc incontestable que le sel est utile et salutaire aux bestiaux, mais la manière de l'administrer est le point difficile.

Les uns prétendent que pendant le temps sec la dose doit en être augmentée: les autres, pensent au contraire, que c'est dans les temps pluvieux. Concluons de ces divers rapports, que la nature des herbages, la température des climats produisent des différences qu'il n'appartient qu'à l'expérience de distinguer. Cependant, il paraît naturel de penser que

(1) C'est peut être ici le lieu de rappeller les expériences que des médecins du département de Seine-et-Marne et de plusieurs autres départemens ont déjà faites pour prévenir la clavelée au moyen de la vaccine. Ces expériences se multiplieront sans-doute, elles annoncent déjà des résultats presque certains.

Le professeur Pessina en Hongrie a inoculé la clavelée à un grand nombre de bêtes à laine; on assure que le succès a répondu à son attente.

durant l'été, loin d'augmenter la dose du sel il faut la modérer, dans la crainte d'exciter des maladies inflammatoires, dont les effets sont funestes surtout, dans les contrées brûlantes.

Les prairies situées sur un terrein acqueux et qui abondent en plantes grasses, semblent exiger que la dose du sel soit augmentée: au printemps où l'herbe est plus délicate et moins chargée de parties substantielles, le sel devient plus nécessaire; Lorsqu'on nourrit les bestiaux avec des pommes de terre, des carottes, de la disette, des navets ou turneps, ces substances portant avec elles des parties âcres, il est bon de les corriger par le sel.

Enfin, il semble que le sel doit être employé dans tous les cas où l'animal a besoin d'être fortifié, parcequ'il est reconnu, que le sel échauffe l'estomac, et facilite la digestion.

A la Mandria on donne des pommes de terre, de la disette et autres légumes aux bestiaux, mais sans sel: ces substances sont, dit-on, plus nourricieres et n'ont par conséquent pas besoin d'aucun secours,

Ce raisonnement ne semble pas détruire celui qui précéde.

La manière de distribuer ou faire manger le sel différe en certains pays. Dans plusieurs on l'égruge sur des pierres plates placées à la proximité des bergeries. A la Mandria c'est au moyen de petites auges creusées dans des arbres d'environ 6 pouces de diamètre et de 15 pieds de long. Ce dernier moyen paraît le plus convenable et le plus économique, en ce que les auges servant toujours au même usage, il n'en résulte aucune perte de sel. Ces auges sont portatives et se fixent facilement dans tous les lieux avec deux ou trois chevalets formés de deux morceaux de bois assemblés en forme de croix de s. André (1).

L'usage que quelques fermiers ont, de donner le sel dans le foin pendant que les bestiaux restent dans la bergerie, n'est

(1) On vient de construire de nouvelles auges qui sont en tout semblables aux crèches des bergeries (voyez § 7) avec cette différence quelles sont portatives et n'ont environ qu'un pied de largeur on s'en sert pour les pommes de terre et les légumes qu'on distribue au troupeau.

pas sans avantage. L'animal reçoit cette substance avec l'aliment qui le nourrit et son action agit d'une manière douce, tandis que lorsqu'il mange le sel cru, son appétit se trouve trop excité, il boit le même jour d'une manière démésurée. Dans le printemps cet inconvénient est à la vérité, moins sensible parceque la pâture porte en elle, une partie acqueuse qui tempére l'action du sel: mais dans l'Hiver le foin aspergé avec une eau de sel paraît préférable, il est d'ailleurs moins susceptible de se gâter; cette méthode présente donc un double avantage. Une livre de sel suffit pour un quintal de foin.

Les foins de la Mandria sont en général d'une très-bonne qualité; les prairies ont été créées ou améliorées; cette bonne nourriture contribue sans doute, à rendre les bestiaux robustes et à augmenter par conséquent le produit de la laine.

La qualité des alimens, l'usage du sel, et les soins donnés aux troupeaux concourent à rendre la laine plus fine et plus abondante, il n'existe aujourd'hui aucun doute sur ce point. Mais il est d'autres moyens que l'on employe comme propres à hâter la croissance de la laine. En Angleterre, dans le Comté d'Yorck, on oint les moutons avec une mixtion composée de douze livres de beurre et du goudron la valeur de six pintes de Paris; on fait fondre le tout pour en former une pâte liquide et on l'employe en séparant la laine par sillons, comme on en use sur la tête des enfans, lorsqu'on leur applique du précipité ou autre ingrédient pour tuer les poux. Dans le département de l'Aisne on est dans l'usage de faire une pareille onction, mais on procède d'une manière plus simple. On sépare la laine à trois endroits seulement, sur l'épine du dos et aux deux côtés du corps de l'animal.

Quel est le résultat de ce procédé? c'est ce qui n'est pas démontré. Peut-être est-ce un de ces usages que l'on a consacrés sans en analiser et reconnaître la nécessité. Il serait bon de faire des expériences sur ce point, afin de combattre ou de propager la méthode et l'usage dont on vient de parler.

On mène boire le troupeau de la Mandria, lorsqu'il vit dans les bergeries, deux fois par jour à des heures fixes: le plus grand ordre est observé pour faciliter la sortie et la rentrée de chaque division et subdivision.

§ VI.

DIVISION ET CLASSEMENT DU TROUPEAU.

Du choix des beliers et des brebis portières dépend essentiellement l'amélioration de l'espèce, cette vérité, est si bien sentie qu'il est inutile de lui donner aucun dévéloppement. La classification du troupeau telle que l'a établie la Société-Pastorale, améne naturellement à ce choix.

Deux grandes divisions séparent les mâles, d'avec les femelles: les bergeries et les cours sont disposées de façon que les deux troupeaux ne peuvent pas se voir. Cette précaution n'est pas à négliger, la vue des femelles rendrait les males plus turbulens et les exciterait sans cesse, ce qui les maigrirait et produirait des accidents funestes à quelques uns.

Les deux troupeaux ainsi séparés, on procéde au choix des beliers d'élite destinés à la propagation; comme dans cette classe on reconnaît dans quelques uns, des nuances de perfection, on fait un premier choix.

Les moutons vieux destinés à la boucherie composent un troupeau, et les jeunes un autre.

Les agneaux d'un an sont également divisés en gros et petits, de manière que les beliers, les moutons et les agneaux forment trois classes et composent six sections qui sont gardées et nourries séparément, mais jusqu'à ce que les agneaux ayent acquis une certaine croissance ils restent en petit nombre dans des enclos séparés et à portée de les réunir avec leur mère.

La même subdivision s'opére dans le troupeau femelle, avec cette différence que celles de race pure ou Ségoviennes forment toujours un troupeau à part et ne sont jamais confondues avec les *métis* afin de se procurer par leur accouplement avec les mérinos, des mâles de race pure; ceux de race croisée ne devant jamais être employés à la propagation.

Chaque subdivision du troupeau a un local destiné aux bêtes malades, par ce moyen, celles-ci sont plus tranquilles et plus à portée de recevoir les soins du berger. Les maladies contagieuses, s'il s'en présentait, seraient traitées dans un lieu écarté.

Un seul berger en chef, dirige ce grand mouvement, c'est à lui que répondent les bergers principaux qui à leur tour, ont des subordonnés. Cette grande famille est gouvernée avec le même ordre employé dans le système militaire. Il faut dire à la louange du chef berger, qu'il réunit à cet esprit d'ordre, des connaissances qu'il n'est pas ordinaire de trouver parmi les hommes de sa profession.

Les bêtes qui composent chaque troupeau sont numérotées et enrégistrées, la plus simple inspection fait connaître le nombre dont chaque berger est responsable; ceux-ci sont répartis dans la proportion de trois pour environ quatre cents têtes: leurs loges sont établies dans la bergerie afin qu'ils soyent à portée de surveiller et de donner des soins à leurs troupeaux respectifs.

§ VII.

DES BERGERIES.

La manière dont les troupeaux sont tenus dans les bergeries, contribue plus qu'on ne croit à la santé de ces animaux. Des moutons enfermés dans un local bien clos, ou dans une étable à vaches, souffrent, maigrissent, deviennent malingres et quelque fois, perdent une partie de leur laine qui se détache par morceaux.

En Espagne, dans l'Aragon, le Royaume de Valence, l'Andalousie, la Castille et la Navarre où sont les plus beaux troupeaux, on les laisse toute l'année en plein air. Cet usage se pratique en Angleterre et dans plusieurs contrées de la France.

Il est constant que les bêtes à laine sont peu sensibles au froid. Pendant qu'elles paissent sur les Montagnes du Cantal, de la Lozère, des Alpes, des Pyrénées on ne leur donne aucun abri, et cependant il est reconnu qu'à la descente de la montagne, les troupeaux sont toujours dans le meilleur état. Cette remarque se fait sentir d'une manière bien visible sur celui de la Mandria à son retour des Alpes. Ne pourrait-on pas en conclure que les bêtes à laine se plaisent mieux dans les régions froides et que même leur laine peut y acquérir un dégré de finesse de plus?

Pour fortifier ce raisonnement, on observe que les bêtes sauvages qui vivent dans un climat chaud ou tempéré, ont le poil moins doux et moins fourni que celles qui habitent le Nord d'où nous viennent les belles fourrures. On peut objecter que la laine des troupeaux d'Espagne, qui est un pays chaud, est cependant la plus belle. Cela est vrai, mais l'espèce y est acclimatée depuis longtems; d'ailleurs en Angleterre, sur les montagnes de Cots-Wolds, dont la température est froide, il existe une espèce de moutons qui y est connue de temps immémorial et dont la laine rivalise avec les plus belles Ségoviennes, il reste même des doutes si ce n'est pas de là que les Espagnols ont tiré l'origine des belles laines. Quoiqu'il en soit, il est démontré que les moutons prospérent en Dannemarck, en Suède, en Prusse, et dans d'autres contrées froides, on est donc fondés a croire qu'avec des soins, l'espèce s'y améliorerait plus que dans le midi.

Les bergeries de la Mandria ne sont en quelque sorte abritées que par le couvert dont le comble a 32 pieds de haut, la façade extérieure du batiment a de grandes ouvertures fermées à claire-voie qui laissent une libre circulation à l'air ce qui contribue beaucoup à rendre le local sain et à l'abri de toute mauvaise odeur ou air méphitique.

Les mangeoires sont construites en forme de caisse, au moyen de deux planches à chaque face qui laissent dans le milieu un espace de 8 à 10 pouces, selon la grosseur de la tête des bêtes; ces planches sont clouées par les bouts sur une pièce de bois d'environ 4 pouces en quarré. On conçoit que les mangeoires qui bordent les murs n'ont qu'une face, tandis que celles qui sont au centre de la bergerie en ont deux, ce qui nécessite quatre piéces de bois aux angles au lieu de deux: les bois sur lesquels on cloue les planches servent en même tems à fixer les mangeoires en terre, lorsqu'on ne veut pas les laisser mouvantes et portatives: leur hauteur est de 25 pouces et leur largeur de 20 pouces. Les moutons ont quelque fois besoin d'adresse pour introduire leur tête dans l'espace qui est laissé entre les deux planches, à cause de la longueur de leurs cornes, mais il n'en résulte aucun inconvénient. Ils ne peuvent que difficilement sauter dans ces mangeoires pour trépigner le foin, il serait d'ailleurs facile d'y ajouter un couvert, et on pourrait encore les perfectionner en pratiquant à leur extrémité une porte qui faciliterait le moyen de les nétoyer. Elles sont au reste très-solides et on les croit préférables aux rateliers, en ce qu'aucun brin de foin ne tombe ni sur l'animal, ni sur la litière.

On n'est pas dans l'usage de faire parquer le troupeau de la Mandria, parce que les vapeurs qui tombent la nuit, exposent, dit-on, les bestiaux à des maladies. Il est certain que dans le Piémont la rosée est très-abondante, les habitans regardent comme nuisible à la santé de s'y exposer, même dans le tems des chaleurs.

Le parcage produit cependant un grand avantage; la récolte des terres parquées est toujours plus abondante, cette remarque a été faite par un grand nombre d'agriculteurs. On attribue encore au parcage la faculté de détruire ou de chasser les mouches qui dévorent les turneps, les raves et les navets.

Le parcage est presque la seule ressource dans certaines contrées, pour engraisser les terres.

Le fumier que l'on retire de la Bergerie, est sans contredit, plus abondant, mais il aurait l'inconvénient d'échauffer les animaux, si on n'avait soin de l'enlever et de changer la litière assez souvent. C'est ce qui se pratique à la Mandria, on renouvele la paille toutes les fois que le besoin l'exige, eu égard au nombre de bêtes enfermées dans le même local. On fait encore une économie qui paraît d'un grand profit. Dans le temps que le troupeau est à la montagne on transporte dans les bergeries une couche de terre d'environ 6. pouces. On a soin à son retour, pendant qu'il séjourne à la ferme, de remuer cette terre en la travaillant avec la pique, deux ou trois fois dans la saison, afin de la rendre plus accessible aux impressions de l'air, et quelle s'imprégne facilement de l'urine des bestiaux; on l'employe ensuite dans le mélange du fumier et du terreau (1).

Les bergeries sont éclairées pendant la nuit par des lanternes: un des bergers pris à tour de rôle, veille à la garde du troupeau et fait sa ronde à des heures marquées.

§ VIII.

DE LA TONTE DES LAINES.

L'époque de la tonte intéresse le propriétaire sous plusieurs rapports: c'est alors qu'il reçoit le fruit de ses avances, et la récompense des soins qu'il a pris pour améliorer son troupeau. En fixant cette époque au commencement de ventose, la Société Pastorale a eu deux objets en vue: le premier, de faire l'opération avant que le troupeau ait été conduit au paturage, parceque la diarrhée

(1) Voyez le § 6 de la 3.e partie relatif aux engrais.

que lui donne l'herbe nouvelle, salit la toison: le second, afin qu'avant les chaleurs qui amènent ces essaims de mouches, qui sont un véritable fléau pour les troupeaux, la pousse de la laine les en garantisse.

Cette année on a commencé le 12 ventose (3 mars). La finesse de la tonte des *metis*, a présenté une amélioration bien sensible, un grand nombre égale déjà celles de race pure, il semble même que quelques-unes ont surpassé en beauté les Ségoviennes. La prévention des ouvriers qui ont fait faire cette remarque peut les avoir trompés, mais toujours est-il certain que si la différence n'est pas à l'avantage des laines *métis*, elles peuvent au moins rivaliser avec celles de *race pure*.

On a pesé le résultat de 391 toisons de brebis antenoises, il a donné 180 rubs ou 4500 livres de Piémont, ce qui fait par toute 11 livres 6 onces ou environ cy . . . . 4 kilogram. 115.

La toute des brebis 9 liv. 3 . . . . . 113.

Celle des beliers 12 à 13 liv. 4 . . . . . 415.

On a également pesé des tontes de beliers de *race pure* et de moutons de *race croisée*, leur poids a été indistinctement de 13 à 14 livres; quelques unes ont pesé jusqu'à 18 livres.

La tonte faite l'année dernière à Rambouillet a produit savoir : les antenoises . . . . 4 kilogrammes 117.

Les brebis . . . 3 . . . . 415.

Les beliers . . . 4 . . . . 115.

On voit que ces résultats sont à peu-près les mêmes que ceux obtenus à la Mandria.

Les détails annoncés par MM. Marshal et Pictet sur les produits de la tonte des bêtes à laine que l'on élève en Angleterre, sont moins avantageux que ceux qu'on vient de rappeler (1).

Les deux tontes qui se font des laines grossières du pays ne donnent pas au delà de 9 livres pour les moutons et de 7 livres pour les brebis. La laine fine a donc un double avantage sur la grossière: plus de poids et un prix hors de toute proportion.

On a répété l'expérience faite à Rambouillet

(1) Agriculture-pratique 4.e vol.e Bibliothèque Britannique N.° 145.

de laisser croître la laine de plusieurs bêtes, pendant deux années, le poids a été doublé, mais ces animaux ont paru être incommodés.

Pour répondre à quelques auteurs qui prétendent que, lorsque la tonte est avancée, la laine n'est pas mûre, on citera l'expérience qui a été faite par M. Lacroix manufacturier à Reims. On lui a envoyé 75 livres de laine pour la convertir en casimir. Ce fabricant observe qu'ayant comparé la laine de la Mandria avec celle de Rambouillet, il a reconnu que la premiére a plus de corps et qu'elle est égale en finesse; il semble donc qu'il importe peu que la tonte soit avancée ou reculée, pourvu que la laine ait sa croissance pendant la révolution d'une année complette.

Ce même fabricant vient de faire de nouvelles expériences, il assure que les laines fines de la Mandria sont absolument égales à celles de Ségovie, avec la seule différence qu'après les apprêts le poil du drap fabriqué avec les premières, reste plus roide ce qu'il attribue au nerf de ces laines.

La double tonte qui se fait en Piémont dans les 12 mois de l'année, semble entiévement vicieuse; la laine n'est pas parvenue à son dégré de croissance et n'est véritablement pas mûre, ce qui ajoute à sa mauvaise qualité.

Les ouvriers employés à la tonte paraissent s'attacher plutôt à bien faire, qu'à faire beaucoup; la raison est peut-être, qu'ils sont payés à la journée (1). Un ouvrier ne dépouille pas plus de 18 à 20 bêtes dans un jour. On sera étonné de ce petit nombre, si on considére qu'en Angleterre, un ouvrier en tond jusqu'à cent pendant l'espace de 8 à 10 heures que dure sa journée. Il doit sans doute, quelle que soit son adresse, en blesser un grand nombre, ce qui fait souffrir l'animal et retarde la pousse de la laine dans tous les endroits blessés. Cette perte absorbe et au delà, la foible économie de la main d'œuvre: il y a d'ailleurs de la barbarie à maltraiter une bête qui donne d'aussi grands avantages et qui ne peut, ni n'ose se plaindre.

(1) La journée d'un tondeur y compris la nourriture, est de 2 francs.

§ IX.

RÉSULTATS.

Ce n'est plus un problême à résoudre, de savoir si les mérinos d'Espagne peuvent s'acclimater dans tous les pays où il existe déjà des bêtes à laine, et si au moyen du croisement avec la race indigène on obtient, après la succession de quelques années, des laines d'une qualité qui rivalise avec celle de Ségovie; des expériences multipliées sur tous les points de la France et dans d'autres pays, ne laissent plus aucun doute à cet égard.

En Piémont le nombre des bêtes à laine, soit de race pure, soit de race croisée, non compris celles de la Mandria, s'élève à environ dix mille; tous les propriétaires de ces troupeaux ont plus ou moins, obtenu des succès en raison des soins qu'ils ont apportés à leur éducation.

Ces entreprises ont ici, comme dans l'intérieur de la France, trouvé des contradicteurs parmi les hommes que de faux préjugés tiennent captifs dans une routine dont l'habitude fait tout le mérite, aussi ne se sont-elles pas multipliées comme on aurait dû l'espérér.

L'aveugle et trop souvent funeste prévention retarde toujours et détruit quelque fois l'effet des conceptions les plus heureuses; cette prévention est si opiniâtre chez certains hommes, qu'elle repousse tous les efforts de la raison et même les leçons de l'expérience. M. De la Roche-Foucault-liancourt en a publié un exemple bien frappant. En 1787 il commença à former un troupeau de mérinos; il proposa d'en donner un à un fermier des environs de sa terre, il en reçut le refus le plus formel; ce bon fermier craignait de détériorer son troupeau, il était, disait-il, content du bien qu'il possédait.

Six ans après, des événemens dont le Héros de la France a presque éteint le sôuvenir, entraînérent la destruction du troupeau de mérinos composé à grands-frais. Six agneaux nouveaux nés et trop jeunes pour être livrés à la boucherie, ne trouvèrent point d'acheteurs, le même fermier, qui, six ans auparavant, avait refusé le belier qui lui était offert, déterminé sans-doute par le vil prix auquel il obtenait ces agneaux, voulut bien s'en charger. Par le secours de trois mâles qui se trouvèrent parmi les six agneaux, la laine de son troupeau, sans qu'il y ait donné aucuns soins, a acquis une amélioration si sensible, que le prix de la tonte d'un égal nombre de bêtes, est aujourd'hui trois fois plus considérable.

L'établissement de Rambouillet eut sans-doute succombé sous les efforts des préjugés et peut-être de l'envie, si la persévérance des administrateurs n'eut été soutenue et encouragée par un ministre aussi éclairé, que jaloux de la gloire et de la prospérité de son pays (1).

Cette belle entreprise a survecu à toutes les attaques et à tous les orages, on l'a long-tems considérée comme la plus importante qu'il y eut en France. Mais l'établissement de la Mandria a franchi toutes les limites connues jusqu'à ce jour, eu égard aux divers objets d'intérêt public qu'il pré-

---

(1) M. Chaptal Ministre de l'Intérieur.

sente. Cette circonstance ne saurait cependant affaiblir l'admiration publique et la reconnaissance nationale que mérite Rambouillet.

Dans le compte que les administrateurs ont rendu le 15 prairial an 11, à la classe des sciences Mathématiques et Phisiques de l'Institut National, des progrès de cet établissement, ils ont annoncé des résultats couronnés par les plus heureux succès.

Ceux obtenus sur le troupeau de la Mandria, déja composé de cinq mille têtes, ne laissent plus rien à désirer; ils sont d'autant plus certains, que les essais ont été faits en grand et que la Société-Pastorale peut en fournir la preuve dans ses propres ateliers de la manufacture de draps établie à Turin, au ci-devant couvent de la Visitation (1).

---

(1) Depuis environ une année on a transformé en ateliers immenses, un local qui servait à la retraite de Religieuses; 30 métiers sont en activité et occupent 450 ouvriers de tout âge et de tout sexe: déjà 800 pièces de draps on été confectionnées et presque aussitôt vendues. On a établi dans le même bâtiment un magasin de vente au détail et à *prix fixe*, le concours des acheteurs est si considérable que les assortimens disparaissent à mesure

Il est constant aujourd'hui que l'espèce importée d'Espagne n'a éprouvé aucune dégénération, et que la race croisée est susceptible d'atteindre la même perfection.

Des exemples aussi répétés ne laissent plus de prétexte pour arrêter les progrès de l'amélioration des laines les plus grossières, en les croisant avec des mérinos d'Espagne; toute résistance passerait pour un entêtement fanatique. S'il pouvait y avoir encore des hommes assez ignorans ou assez endurcis dans leur routine pour ne pas céder à tant de preuves cumulées, le compte qui va être mis sous vos yeux détruira sans-

---

qu'ils sont exposés en vente: les marchands jouissent d'une remise et de facilites pour les payemens. Son Altesse Imperial le Prince Louis, qui a visité les ateliers, a été si frappé de la beauté des draps qu'il a demandé qu'il lui fut envoyé plusieurs pièces d'échantillon.

C'est aux connaissances réunies qui distinguent les sociétaires, à leurs soins infatigables, et à l'intelligence de quelques ouvriers du pays ou appelés des meilleurs fabriques, qu'on doit une progression qui dans d'autres établissemens, eut été l'ouvrage de bien des années. On a long-tems pensé que les eaux du Piémont n'etoient pas propres à la teinture des étoffes de laine, un teinturier habile a détruit cette prévention, que l'ignorance avait accréditée, les draps de la Société-Pastorale ne le cedent en rien pour la couleur, à ceux des meilleures fabriques.

doute, jusqu'aux plus légères traces de leurs craintes, ou de leurs préjugés chimériques.

On a vu que les deux tontes qui se font dans une année de la laine du pays, ne produisent pas au de là, savoir:

Celles des moutons . . 9 livres (1).
Celles des brebis . . . 7 livres.

Total . . . 16 livres.

Poids moyen par tonte. . 8 livres.

Le prix commun de cette laine en suint est de 8 francs le rub, chaque bête produit

	Francs.	Centimes.
donc pour 8 livres, ci	2.	58.

La tonte des mérinos et des moutons de laine fine est de . . . . . . 12 livres.
Celles des brebis . . . . . . 8 livres.

Total . . . . . 20 livres.
Moitié pour chaque tonte . 10 livres.

(1) Tous ces calculs sont faits sur la livre de Piémont.

On ne déterminera point le prix de la laine fine sur ce que vaut celle de Rambouillet ou celle de la Mandria, mais seulement à raison de 45 francs le rub qui est le taux, environ, que la Société-Pastorale paye des toisons qu'elle achete aux propriétaires qui élèvent dans le Piémont, des troupeaux de race pure et de race croisée. Ainsi-donc, le produit pour les 10 livres de chaque tonte, est de ci . . . . 18. f.

Prix de la tonte de laine commune 2. 58.

Différence en faveur de la laine fine 15. 42.

Ces calculs sont simples et peuvent facilement être vérifiés par le cultivateur le moins expérimenté. Si on les rapproche de ceux faits pour l'établissement de Rambouillet, on verra que le produit de chaque bête à laine fine est compté pour 24 francs, tandis qu'on ne le porte ici qu'à 18 francs: on peut donc considérer cette dernière fixation comme le *minimum* du prix de chaque tonte.

On objectera que le troupeau de la Mandria exige plus de dépense que ceux du pays. Il faut en convenir, la manière de nourrir et d'élever les bêtes à laine fine est plus dispendieuse et nécessite plus d'attention si on veut conserver la race dans son état primitif et même l'améliorer; mais aussi on est amplement dédommagé, non seulement par le prix de la laine qui est hors de toute proportion: mais encore par l'augmentation du poids de la tonte: d'ailleurs le surcroît de dépense ne consiste que dans une nourriture mieux choisie et plus abondante, les frais de garde, ceux des pâturages sont toujours les mêmes.

Au reste, il est incontestable que la laine du pays se vend 8 francs le rub tandis que la laine fine vaut 45 francs; que la tonte des bêtes indigènes n'est que de 8 livres chacune, terme moyen, et celle des *mérinos* et des *métis* est de 10 livres. Il y a donc toute compensation établie, une différence à l'avantage de la laine fine, de plus de cinq fois le produit de la première. Ces faits ne sont pas de simples suppositions, ce sont des vérités positives, constatées par l'expérience et par des preuves qu'il est facile de vérifier.

Aujourd'hui que des succès répétés imposent silence aux préventions, il n'est plus question de s'occuper à combattre des raisonnemens plus ou moins erronnés; ils viennent tous se briser contre l'expérience dont les leçons utiles ont éclairé ceux qui se sont livrés à l'éducation des mérinos importés d'Espagne et les ont accouplés avec des brebis indigènes. La Société d'Agriculture mettra sans doute au rang de ses premiers devoirs de propager et d'encourager un genre d'industrie qui, en enrichissant celui qui s'y livre, ajoute un aliment de plus au commerce et, par conséquent, à la prospérité nationale.

TROISIÈME PARTIE.

AGRICULTURE ET ÉCONOMIE RURALE DU DOMAINE DE LA MANDRIA.

§ I.

INTRODUCTION.

La nature semble avoir tout disposé dans cette belle contrée, pour la rendre une des plus productives; mais l'art, sans lequel la terre resterait inculte, n'a pas encore exercé tous ses moyens de multiplier les produits et d'économiser le tems. Les améliorations que les terres de la Mandria ont éprouvées, par de nouveaux procédés, en offrent une preuve certaine.

On ne prétend pas blâmer sans examen, tout ce qui s'est pratiqué jusqu'à ce jour, et vouloir spontanément amener une révolution générale dans la culture des terres du Piémont; le but de ce mémoire est seulement d'engager les cultivateurs à tenter des expériences et à profiter de celles qui, sous leurs yeux, ont obtenu les succès les plus heureux.

Ce qui nuit aux progrès de l'agriculture dans cette contrée, il faut le dire, c'est l'indifférence de la plupart des propriétaires. Un très-petit nombre surveille la culture de ses terres, les autres les confient à des *massares* (1) qui suivent toujours leur ancienne routine, sans qu'il leur vienne à la pensée qu'il serait possible d'améliorer le produit de leur ferme, en s'écartant de la règle qui leur est transmise de père en fils, ils ne veulent faire que ce qu'ils ont vu faire, et comme peu suffit à leurs besoins, leur ambition ne s'étend pas au delà de la portion de fruits qui leur est accordée sur ceux qu'ils ont récoltés.

Si le propriétaire s'occupait de la culture de ses domaines, s'il se livrait à des expériences, s'il faisait des améliorations, des plantations, il instruirait et exciterait l'émulation de son fermier. Mais il y en

---

(1) Fermiers ou métayers qui cultivent moyennant une portion de fruits qui est du tiers ou de la moitié, plus ou moins, selon les charges qui leurs sont imposées et la nature des biens.

a peu qui sachent apprécier les douceurs que procurent les occupations champêtres; les autres, soit par vanité, soit par une indifférence coupable, dédaignent de s'y livrer.

Les travaux habituels du cultivateur le portent à la paix et lui donnent les jouissances les plus variées et les plus agréables à la vie : tout l'intéresse, tout l'attache au sol qu'il travaille et qui le paye de ses soins et de ses avances.

Des Souverains, des hommes d'état, des philosophes, ont fait des travaux agricoles le plus doux délassement de leurs occupations ordinaires.

Cyrus, ce Prince redouté qui se rendit maître de toute l'Asie, travaillait tous les jours avec ses jardiniers, lorsque les affaires de son Empire lui en laissaient le loisir.

Socrate disait qu'il n'est point d'homme qui puisse se passer de l'agriculture.

Pouvoir s'adonner à l'agriculture était le second vœu de Virgile.

Le Général Washington, dans une lettre datée de Virginie, disait à Arthur Young : » Je ne me trouve jamais aussi

» heureux que quand je m'occupe de
» l'agriculture, ce travail innocent et utile,
» me donne un extrême plaisir, je sens
» tous les jours combien, pour une ame
» dont les penchans sont droits, la tâche
» de cultiver la terre et de multiplier ses
» produits, est plus satisfaisante que la vaine
» gloire de la ravager dans une suite de
» conquêtes non interompues etc. »

C'est aux champs que l'homme trouve des plaisirs vrais et des biens solides, tous les esprits droits et les cœurs purs doivent choisir ou envier ce genre d'existence. Ce n'est pas parmi les cultivateurs que naissent ces hommes turbulens, inquiets ou ambitieux, qui agitent souvent leur patrie, et lui procurent une longue suite de maux. Si nous avons vu l'habitant des campagnes se livrer un instant à des excès, ses sentimens naturels l'ont bientôt ramené à la paix et à la vie douce et tranquille sans laquelle il ne peut être heureux.

C'est aussi aux champs qu'on voit plus communément la pratique de la philosophie.

Voltaire écrivait de Ferney, en 1760, que sa principale occupation était de cultiver en paix ses campagnes et de n'être pas inutile à quelques infortunés.

C'est particulièrement sur le territoire du Piémont que l'agriculteur peut trouver les moyens de satisfaire ses goûts. Un climat tempéré, des eaux abondantes, des sites agréables, tout semble inspirer le désir de la vie champêtre. On répétera donc que le propriétaire aisé doit faire naître l'amour de la propriété qui dispose au travail: ce partage si nécessaire de l'homme, le console et contribue à son bonheur.

Les agrémens personnels ne sont pas les seuls avantages qu'offre l'agriculture et qui puissent déterminer le propriétaire à se livrer à ce genre d'occupation; l'intérêt pécuniaire le sollicite également; il a de plus la satisfaction de perfectionner les idées morales en propageant des connaissances que rien ne rapproche de la classe indigente, si ce n'est l'exemple de ses voisins.

Un tableau de ce qui s'est fait à la Mandria sera le meilleur encouragement pour ceux qui ont le bon esprit de vouloir tenter d'exploiter cette mine si riche et si abondante qui se présente à chaque pas à tout propriétaire actif et intelligent. Ils verront combien leurs soins peuvent recevoir de récompense, s'ils s'appliquent à des terres fécondes.

§ II.

DES PRAIRIES CULTIVÉES.

Le terrein de la Mandria n'est divisé qu'en deux classes, en prés et en terres labourables. La culture ordinaire ne pouvait donner que de faibles espérances eu égard à la mauvaise qualité du sol, surtout après plusieurs années d'un abandon presque total; il a fallu en quelque sorte, lui redonner la vie par des moyens extraordinaires et faire des avances considérables, dans l'espoir d'en être dédommagé, par le produit de récoltes plus abondantes.

La nourriture d'un troupeau qui s'augmente tous les ans, et l'entretien des autres bestiaux nécessaires à l'exploitation de ce vaste domaine, appelaient la sollicitude de la Société-Pastorale, vers l'amelioration et l'augmentation des prairies; aussi n'a-t-elle rien négligé sur ce point. En ce moment les fourrages suffisent et au delà, tandis que dans les premières années on a été obligé d'en acheter une grande quantité. 790 journées de terrein sont consacrées à ce genre de culture, non compris les prairies artificielles, qui en occupent plus de trois cents.

Le premier objet qui a fixé l'attention des directeurs de l'établissement, a été le nivellement des prairies existantes et celui des terres à convertir en pré: la formation de conduits d'irrigation, le rétablissement des écluses et le nettoyement des fossés, afin de distribuer l'eau d'une manière plus économique et de faciliter son écoulement sans la laisser séjourner sur le terrein, au delà du tems convenable. Précautions sans lesquelles on n'aura jamais de prairies productives et qui donnent un foin de bonne qualité.

Les prés sont divisés en parallélogrammes inclinés dans leur longueur. Un grand fossé supérieur fournit l'eau aux ruisseaux irrigatoires parallèles et distans les uns des autres d'environ douze trabucs (37 mètres):

ces ruisseaux ont deux pentes. Du côté inférieur du parallélogramme, un fossé recueille toutes les eaux courantes et superflues; ces eaux vont ensuite parcourir un pré semblable, et successivement des uns aux autres jusqu'au dernier.

L'embouchure des fossés principaux, est garnie d'une double écluse murée avec deux croupes en pierre de taille, l'écluse se ferme à volonté de manière à élever l'eau et à la forcer de se diriger vers les petits ruisseaux d'irrigation.

On commence l'arrosement en Prairial (fin mai), rarement avant, à moins que le terrein ne le demande impérieusement; il a lieu une fois la semaine et cesse en Vendémiaire.

Cette règle ne pourrait sans doute, pas être suivie par-tout, la nature du sol, la température du climat, et la qualité des eaux, réclament des exceptions. Si l'eau est froide et crue, si elle entraîne du sable et des matières nuisibles aux prés, il faut en être avare; tandis que si elle est douce, chargée de limon, il faut la donner plus souvent lorsqu'on en a la faculté.

L'eau de l'Orco, qui arrose les prairies de la Mandria, est froide et chargée d'un sable fin qui ne leur est pas favorable, c'est par ce motif que les arrosemens sont plus rares, d'ailleurs si on les rend trop fréquens, on arrête la fermentation de la terre qui donne l'action à la végétation; pendant l'Hiver on n'arrose pas les prairies; l'eau, dit-on, refroidit la terre et pourrit la racine des Plantes, sans qu'il en résulte aucun bien pour la pousse du Printems. Le pâturage d'Hiver, s'il est arrosé, est nuisible aux bestiaux.

Le brûlement des terres, l'emploi du fumier, du terreau, de la suie, des cendres ont concouru à engraisser les prairies (1). En général, celles de ce Département ne sont jamais fumées; il y en a qui existent depuis un tems immémorial, dans lesquelles on s'est borné à récolter l'herbe qui a bien voulu y croître.

Vous avez tellement reconnu qu'il était urgent d'apporter quelques changements sur ce point, que vous avez délibéré d'en

(1) Voyez le § 6.

faire l'objet de votre attention particulière; en conséquence votre comité de correspondance a rédigé une circulaire, le 18 pluviôse dernier, qu'il a adressée à tous les membres affiliés, pour réclamer des notions exactes et des observations sur l'état de cette partie de culture, dans l'étendue du Département.

Pour former les prairies de la Mandria on a suivi le procédé ci-après. Lorsque les gelées ont cessé, on sème de l'avoine sur sur le terrein brûlé ou fumé: après l'avoir hersé. on y répand du trèfle sans le recouvrir: quelque fois on ajoute un peu de semence de foin: avant la maturité parfaite de l'avoine on la fauche; le trèfle qui a déjà poussé au milieu, prend alors sa croissance et la même année on le taille plusieurs fois.

L'année suivante on ne met plus d'avoine, le trèfle couvre la terre: on en fait ordinairement trois coupes, il disparait insensiblement: l'herbe prend sa place et le pré est entièrement formé.

Dans le canton de Berne, on suit la

même méthode, mais au lieu d'avoine, on sème de l'épeautre, qui sans doute convient mieux au pays (1).

Les prairies anciennes ont été améliorées avec le secours de divers engrais, ainsi qu'il sera expliqué au § 6.

Les trois coupes qui se font sur les prés ainsi renouvelés ou améliorés, produisent environ 300 rubs par journée; on n'en récolte pas la moitié sur les prés de la même ferme qui sont restés entre les mains de quelques *Massares*, dans l'état qu'ils ont été loués en l'an 9. Ces rapprochemens ne s'appliquent qu'aux terres de la Mandria et à celles des territoires environnants, on sait que dans la belle partie du Piémont, les près rapportent beaucoup plus.

La manière dont on forme les prairies de la Mandria a l'avantage d'offrir plusieurs récoltes dès la première année, tandis que la semence ordinaire présente un espoir plus reculé, mais peut-être qu'en définitif le résultat est plus certain: c'est un fait

(1) Traité d'économie rurale par Beckmen.

sur lequel l'expérience doit prononcer. Il paraîtrait plus avantageux pour créer les prés, de faire un choix scrupuleux de la semence comme on en use pour les grains; cela est si vrai que si les plantes diverses dont une prairie est composée, mûrissent à des époques différentes, si elles sont d'une nature peu convenable au sol, il est constant qu'on n'obtiendra qu'un mauvais fourrage, au lieu que si on a la précaution de cueillir la graine de foin au moment qu'elle est en maturité, les herbes qui naîtront sur une prairie, auront à peu-près la même croîssance, elles végéteront et mûriront ensemble, le foin sera naturellement de la meilleure qualité.

Si, au contraire, quelques unes de ces plantes sont desséchées sur pied lorsque d'autres ne seront point encore parvenues à leur dégré de maturité, le foin perdra sa saveur et deviendra insipide et âcre. Il sera bien difficile de prévenir cet inconvenient si on employe la graine du trèfle seule, ou qu'en la mélangeant avec celle du foin, on ne suive pas le procédé dont il vient d'être parlé.

§ III.

DES PRAIRIES ARTIFICIELLES ET PLANTES FOURRAGÈRES

Les prairies artificielles et les plantes fourragères contribuent à procurer des fourrages, des pâturages et des engrais; l'utilité de ces trois genres de produits doit décider les propriétaires à multiplier cette culture; elle fournit de puissants moyens pour augmenter le nombre des bestiaux, sans lesquels il est presque impossible de faire des fumiers; d'ailleurs il est reconnu que les céréales prospèrent sur une prairie artificielle, dont la seconde pousse a été renversée sous la terre pour lui servir d'engrais.

Ces prairies ne sont en quelque sorte qu'annuelles, c'est-à-dire que leur position change, à l'exception de la luzerne qui dure 7 à 8 ans, selon les besoins et les circonstances: on ne doit aussi les considérer que comme un accessoire aux autres produits, et sous ce rapport, elles sont d'autant plus nécéssaires.

La Société-Pastorale a introduit dans la ferme, plusieurs plantes de cette espèce dont la plupart n'étoient pas connues dans cette contrée: on compte cette année 300 journées de trèfle, 12 de turneps, 10 de choux, 10 de navet de Suède, 8 de bête-rave ou disette,

Les essais que la société a voulu faire, sur les plantes fourragères, ont plus ou moins réussi. La bête-rave ou disette a surtout donné un produit considérable, tant par sa feuille que par sa racine, on en a vu de la grosseur de 6 pouces de diamètre et de 15 pouces de long.

On ne peut pas encore déterminer quel est le produit par journée, de chacune de ces plantes, mais il est constant qu'il est avantageux de les cultiver, sur tout si on considère qu'elles ne sont qu'accidentellement placées sur des terreins qui, le plus souvent, n'auroient pu être occupés par des céréales. On ajoutera qu'en Angleterre, en Suède et dans beaucoup d'autres Pays, les turneps, les colzats, la disette, sont d'une grande ressource pour les bestiaux; or, si ces plantes prospèrent dans le Piémont, il n'est pas douteux que les propriétaires ne trouvent un bénéfice réel à les cultiver.

La difficulté d'embrasser trop de choses à la fois n'a sans doute pas permis aux sociétaires de la Mandria de fixer leurs regards sur la chicorée sauvage, qui fournit une nourriture si abondante et si savoureuse pour les vaches: ils ne laisseront sûrement échapper aucune occasion de multiplier leurs expériences et d'attirer à la Mandria toutes les productions dont l'agriculture et cet établissement pourront retirer quelques ressources: la culture de la chicorée en présente une d'un très-grand avantage puisqu'on assure que trois arpens de terrein (118 ares) suffisent pour la nourriture de douze vaches.

§ IV.

DE LA CULTURE DES POMMES DE TERRE.

La Pomme de terre, cette racine trop dédaignée par la majeure partie des habitans du Piémont, méritait de faire l'objet d'un article particulier. Depuis trois ans on consacre à la Mandria environ 30 journées de terrein (1140 ares) à la culture de ce légume; son produit a donné des résultats énormes. Les moutons et les vaches en sont friands, mais les ouvriers en mangent peu. On a dit et on a écrit que leur répugnance vient de ce que les savoyards vivent de cette racine. C'est sans-doute faire injure aux Piémontais que de leur supposer un pareil préjugé et d'en puiser le motif dans leur prévention contre un Peuple qui se distingue par sa sobriété, son industrie et par la pureté de ses mœurs: on doit plutôt attribuer ce dégoût pour la pomme de terre, aux fausses idées qu'on leur a inspirées sur une nourriture aussi saine, et peut-être au défaut d'instruction pour la préparer. Les frais de cette préparation peuvent aussi y contribuer.

En Suisse, en France, en Irlande et dans beaucoup d'autres Pays, on la mange bouillie simplement dans l'eau; mais aussi plus communément, on y ajoute du sel, du beurre, du lait, de la graisse et autres assaisonnements, ce qui devient couteux pour les ouvriers. si on considère qu'en Piémont, deux livres de *Polenta* suffisent à un individu pour exister pendant une journée (1).

Mais, dût-on n'employer les pommes de terre qu'à la nourriture des bestiaux, il serait avantageux de les cultiver, surtout dans ce Département où le terrein est sablonneux et léger. Chaque journée a produit à la Mandria 400 rubs (296 kilogrammes). Ce produit sera presque doublé, si on met en usage un procédé dont on

---

(1) La Polenta se fait en mettant de la farine de maïs dans de l'eau bouillante; on la remue avec une spatule, comme pour faire de la colle, l'espace d'environ dix minutes, afin qu'elle prenne une certaine consistance, on la renverse ensuite sur une planche pour la faire figer: les ouvriers n'y mettent d'autre assaisonnement qu'un peu de sel.

a fait l'essai en Angleterre, pour obtenir deux récoltes dans une année, sur le même terrein. Il consiste à planter des pommes de terre hâtives dont la cueillette se fait en prairial (juin). Six semaines avant on aura eu soin de planter, à un pouce de distance, des quartiers ou des yeux de pomme de terre conservés (1): au moment de la récolte ordinaire ces plans ont acquis environ 6 pouces de haut: alors on les transplante sur le même terrein qui a produit la première récolte, et on en obtient une seconde en brumaire (novembre).

On sait que la pomme de terre est susceptible d'une infinité de préparations, qu'on en fait de la farine ou fécule dont l'usage est très-salutaire; les filandres ou autres parties grossières, nourrissent la volaille, et l'eau qui a servi à dégager la fécule de ces parties, peut être employée à blanchir le linge, en remplacement du savon.

Tous les auteurs qui ont écrit sur cette

---

(1) Pour conserver les germes on les met dans des cendres froides et sèches.

production, s'accordent à en vanter l'utilité, et par tout où le terrein est favorable à sa culture, on a éprouvé qu'elle donnait un revenu considérable. Dans l'intérieur de la France elle a enrichi des villages entiers.

Il est sans doute digne de la sollicitude de cette assemblée, de fixer l'attention particulière des habitants de la partie méridionale de ce Département sur la culture de la Pomme de terre. Ceux de la Vallée d'Aoste, cette portion laborieuse et intéressante de la population, s'en occupent depuis long-tems.

On ne parlera point ici de la manière de les planter ni de les cultiver, parceque ces moyens sont connus et qu'à la Mandria on n'a fait usage d'aucune pratique nouvelle. on a suivi la règle générale qui consiste à les couper par quartiers et à les planter, au moyen de la charrue, à la distance d'environ 15 pouces les unes des autres.

§ V.

TERRES LABOURABLES.

On a vu que les prairies naturelles et les prairies artificielles occupent environ la moitié du terrein de la Mandria: le surplus est employé à la culture du blé-froment, du seigle et du maïs ou blé-de-turquie.

On ne parlera de ces grains que pour indiquer quel est leur produit, le comparer à celui des terres d'égale qualité, et prouver que la bonne culture augmente le revenu de celles-ci, toute déduction faite des frais.

À la Mandria et dans le reste du Piémont, on ne connaît pas les jachères. Cet usage, consacré en France, par un ancien préjugé, prive le cultivateur d'une partie essentielle de son revenu. Déjà quelques propriétaires se dépouillent de cette routine: des essais leur prouvent journellement qu'elle n'a aucun principe de raison.

Qu'ils viennent en Piémont, ceux qui prétendent que la terre ne peut pas donner des récoltes tous les ans, ils verront que celles d'une médiocre ou mauvaise qualité en produisent sans interruption et même jusqu'à deux dans la révolution des 12 mois de l'année, au moyen des engrais et des labours!

Un jardin rapporte successivement des légumes, et jamais on n'a pensé d'en laisser une partie en jachère. Ce sont les labours et les fumiers qui lui donnent cette fertilité qu'on peut, avec le même moyen, communiquer à toutes les terres.

C'est sans doute le défaut d'engrais qui a fait imaginer l'usage des jachères? Pour détruire le mal, il faut donc faire disparaître la cause: elle cessera dès que le cultivateur sera bien convaincu que le terrein sur lequel il n'obtient tous les trois ans que deux récoltes en grains, pourrait produire pendant l'année du repos, une plante fourragère ou légumineuse, qui lui donnerait les moyens d'augmenter ses bestiaux et de faire pour l'année suivante, des engrais plus abondants. S'il considère en outre que le terrein en jachère produit des herbes qui l'épuisent autant que l'eussent fait les plantes fourragères, à moins qu'il ne multiplie les labours, il se convaincra qu'il se prive gratuitement des moyens d'améliorer sa propriété et d'en augmenter les revenus, avantages qui font l'objet constant de l'ambition du cultivateur.

L'étude à laquelle le laboureur doit s'attacher particulièrement, c'est de connaître les rapports naturels ou acquis par la succession du tems, entre les végétaux et le terrein sur lequel ils sont ensemencés. Telle céréale ne réussit pas sur un terrein qui est propre à donner de grands produits en fourrages ou en légumes. Le propriétaire doit donc disposer les semis d'après les règles générales sur la connaissance des terreins, et s'aider, surtout, de l'expérience.

Le sol du domaine de la Mandria n'est pas propre au froment, cependant avec des labours et des engrais, on est parvenu à en doubler le revenu. Le froment qui ne donnait que 3 semences, en rend cinq: le seigle, qui s'y plait davantage, en produit six; et le blé-de-turquie 20 à 25 émines par journée (1).

Cette dernière espèce de grain plus gé-

---

(1) L'émine de froment pèse 46 ll. de Piémont. Le maïs 45. Le seigle 40.

néralement cultivée dans cette contrée, n'est pas d'un grand revenu à la Mandria, en raison des frais de culture; cette plante fatigue d'ailleurs le terrein, mais elle est d'un besoin indispensable pour la nourriture des ouvriers.

On n'a rien changé à sa culture ordinaire: on s'est seulement appliqué à faire de bons labours et à fumer le terrein. On voit que le produit dédommage amplement de ces avances, mais il est modique si on le compare à celui des bonnes terres.

On assure que la tige du blé-de-turquie contient une substance propre à faire du sucre. M. Wittermans, pharmacien de Flessingues, a fait des expériences qui semblent annoncer un succès complet. Il serait bien important pour ce pays, que cette découverte fut confirmée.

La *Meille-Rousse* ou millet-rouge, dont la tige est à peu-près semblable à celle du maïs, a été bannie du domaine de la Mandria. Cette plante en apparence très-productive, épuise la terre et n'est que d'un faible revenu eu égard au bas prix qu'on retire du grain. Cependant les habitants de ce Département se montrent très-partisans de cette culture: j'en demandais la raison à un paysan et je lui observais qu'il devrait préférer le froment ou le seigle, qui lui donnerait, à la vérité, moins de mesures, mais plus d'argent.

Il me répondit que ce calcul était bon pour le propriétaire aisé, mais qu'il ne pouvait s'appliquer aux pauvres, qui se nourrissent avec de la *meille rousse*, parceque, comptant pour tout la quantité, ils ne s'attachent point à la qualité du grain, que le seul point à considérer pour eux est d'avoir beaucoup de pain.

Ce raisonnement a quelque apparence de fondement, mais si on l'analyse, on voit qu'il n'est que spécieux; en effet, si la *meille-rousse* produit plus de pain, il en faut beaucoup plus pour nourrir un homme, parceque ce pain est si grossier qu'il ne contient que peu de parties nutritives et ne peut avoir qu'un effet funeste à la santé. C'est peut-être à ce mauvais aliment qu'il faut attribuer la cause des maladies et de la mauvaise constitution d'un grand nombre d'habitans il serait; sans doute, bien utile de détruire l'opinion des habitans sur la culture de ce grain, qui ne paraît bon que pour les volailles et les bestiaux.

§ VI.

DES ENGRAIS.

Les engrais sont à la culture, ce que la bonne nourriture est aux bestiaux ; sans engrais la terre perd ses principes végétaux et devient peu à peu stérile. Tous les agronomes s'accordent sur la nécessité des engrais ; cependant on voit encore des agriculteurs peu instruits, se persuader qu'ils y suppléent en quelque sorte, en laissant reposer les terres tous les deux ou trois ans, prévention funeste qui, loin de bonifier les terres, les appauvrit et les conduit à une détérioration presque totale, en les privant de tous les principes vivifians.

Tous les efforts des écrivains doivent tendre à détruire une opinion aussi contraire aux progrès de l'agriculture. Les terres peuvent donner tous les ans, des récoltes plus ou moins abondantes ; mais il faut pour cela leur rendre d'une manière quelconque les principes qui ont servi à former ces récoltes. La terre ne vieillira jamais, ne se fatiguera jamais, si vous lui procurez par des engrais, les matériaux nécessaires à la sève.

Trop peu de cultivateurs sont pénétrés de ces vérités constantes; aussi on les voit négliger de recueillir une infinité de substances animales et végétales propres à augmenter les engrais. La chimie dans ses savantes combinaisons, nous apprend à les multiplier :

Avant la connaissance de cette science, on était loin de penser que le sable était un engrais pour les terres argileuses : que la craie et la marne pouvoient aussi en tenir lieu en les combinant avec d'autres terres.

Il est peu de fermes en Angleterre qui n'ayent un creux à marne.

Cette matière exigerait un développement que ne comporte pas l'objet de ce mémoire : on se bornera donc à faire connaître ce qui se pratique à la Mandria.

Les sociétaires qui ont su apprécier

l'opinion de quelques chimistes et agronomes distingués, se sont élevés au dessus des préjugés vulgaires, et pour créer des engrais en assez grande quantité, eu égard à l'étendue considérable du domaine, ils ont employé concurremment le fumier pur, les cendres, la suie, la chaux, le plâtre, l'argile, le gazon et la terre brûlée.

Les cendres et la suie ont procuré une foible ressource en raison de la petite quantité qu'on a pu en rassembler, mais on a remarqué que ces substances donnaient une activité singulière à la végétation : la suie sur tout, légérement répandue sur les prairies, les a fait pousser avec une promptitude surprenante. On a regardé comme dangereux d'employer cet engrais pendant l'hiver parcequ'il hâte trop la végétation des plantes et les expose à périr de froid.

On n'a pu faire usage du plâtre et de la chaux à cause de la cherté de ces matières (1) : il a donc fallu fixer ses regards sur d'autres objets.

---

(1) Le prix de la chaux est de 30 centimes le rub, et le plâtre 20 centimes aussi le rub.

Le mélange de la glaise avec le fumier a procuré une ressource intarissable. Pendant plus de deux mois de l'année on transporte sur divers points du domaine environ 80 charriots par jour de terre argileuse ; on en forme des tas en la mélangeant avec du fumier des bergeries ou des étables à vaches ; on ajoute à ce mélange du gazon, ce qui provient du nettoiement des fossés et canaux d'irrigation, des feuilles mortes, des plantes arrachées sur les terres, enfin toutes les matières susceptibles par leur décomposition, d'être converties en terreau. On y employe également la terre qui a été transportée dans les bergeries, comme il a été dit au § 7 de la 2.e partie. Cette terre, qui est imprégnée de l'urine des animaux, contient en assez grande quantité des principes salins qui, par leur mélange avec les autres substances, produisent un effet salutaire à la végétation. Pour former les tas de terreau on établit d'abord une couche d'argile, puis une seconde couche de fumier, et successivement jusqu'à la dernière qui est en terre et enveloppe entièrement le tas : on leur donne ordinairement 6 pieds de large, 5 de haut et 20 de long.

Après que la fermentation s'est opérée on retourne le terreau pour favoriser le mélange, et au mois de brumaire suivant on l'employe sur les prairies ou sur les terres en raison de 60 à 80 charriots par journée. Les frais de préparation et d'emploi de cet engrais sont calculés à 30 francs aussi par journée. Une partie du fumier des bergeries et des étables n'est point employée à ces mélanges, on la transporte à côté d'une espèce de mare d'environ 8 pouces de profondeur sur un emplacement incliné, de manière que la mare reçoive toutes les parties qui découlent du fumier: on en forme des tas à-peu-près pareils à ceux du terreau; au bout de 8 jours on le retourne et on l'arrose avec l'eau qui s'est ramassée dans la mare; environ 10 jours après on en dispose selon les besoins, dans la proportion de 10 à 12 charriots par journée: la dépense est calculée à 37 francs.

Le brûlement des terres a contribué plus qu'aucun autre moyen, à augmenter la masse des engrais. Il mérite d'autant plus la préférence qu'il est plus économique et plus durable. C'est à l'aide de ce moyen qu'on a formé ou renouvellé une grande partie des prairies. On ne détaillera point ici de quelle manière on a procédé, parceque personne ne l'ignore: on observera seulement que 8 grandes mottières, telles qu'on les fait à la Mandria, suffisent pour fertiliser une journée de terrein pendant plusieurs années: cette méthode a la faculté de détruire les racines des mauvaises plantes, de faire périr des insectes nuisibles aux récoltes, enfin de rendre la terre plus meuble: à tous ces avantages se réunit encore celui de l'économie. Tous les frais nécessaires à la formation et à l'emploi des huit mottières ne s'élèvent pas au delà de 23 francs. On a vu que le fumier coûte 37 francs, le terreau 30: il n'y a donc point à balancer si on doit préférer le brûlement de la terre dans tous les pays où le climat et la facilité de se procurer du bois le permettent. On pourrait encore attribuer à l'odeur que conserve la terre brûlée, la faculté d'écarter les pucerons et autres insectes qui dévorent, dès leur naissance, les turneps, les raves et les choux.

§ VII.

DE LA MOISSON ET DU BATTAGE DES GRAINS.

La moisson se fait à la Mandria avec la faucille, on n'est pas dans l'usage d'employer la faux, l'ardeur du solèil qui desséche les épis, exposerait à perdre une grande quantité de grain, si on s'écouait trop rudement les tiges du blé: les gerbes sont formées et liées comme on le fait communément dans tous les pays; elles sont enlevées de suite, à moins qu'on ne les juge pas assez séches ou assez mûres pour être battues: dans ce cas on les laisse exposées au soleil: peu de jours suffisent à cette exposition. Lorsque les travaux ne permettent pas de les transporter dans les cours ou dans les granges de la ferme, on forme de petites meules sur le terrein.

Le fléau était le seul moyen dont on se fut servi pour le battage des grains;

mais cette méthode était lente et dispendieuse: on a eu recours cette année au rouleau canelé, procédé plus expéditif dont on fait usage en Italie et dans une partie du Piémont, mais qui n'était pas connu dans ce Département, sans doute à cause de la modicité de la récolte des céréales. Cette machine vient d'être employée avec succès dans le département de la haute Garonne, d'après un rapport fait en ventôse, à la société d'agriculture de Toulouse; ce rapport est inséré dans la Bibliothèque Physico-Economique où on trouve la planche figurée du rouleau (1). Celui dont

(1) Extrait de la Bibliothèque Phisico-Economique n. 10, 2.e année de souscription.

La machine consiste en un simple rouleau canelé, formé d'un tronçon d'orme, de frêne, ou d'un autre bois dur quelconque, bien droit, bien égal et bien rond, et de 8 solives de même longueur. On assemble ces solives sur l'arbre et on les y assujettit au moyen de deux ou trois chevilles, dont la tête ne doit pas déborder la solive.

Le rouleau doit avoir 4 pieds de longueur sur un pied de diamètre. On donnera aux solives 4 pouces en longeur et autant en épaisseur. Elles devront être évidées dans leur partie inférieure, pour qu'elles s'enchassent bien sur le corps du cylindre, et on les posera, laissant leur partie supérieure équarrie.

on se sert à la Mandria diffère dans sa construction: au lieu de fixer sur un cylindre de bois, huit solives pour former la canelure, on prend un tronçon d'arbre d'une grosseur convenable, on trace aux bouts une étoile à six ou huit pointes, et on

On voit d'après cela que ces solives seront éloignées l'une de l'autre d'environ un demi-pouce dans la partie contiguë à l'arbre, et qu'à leur partie extérieure elles seront séparées l'une de l'autre par un intervalle d'environ 4 pouces. L'ouvrier prendra le centre du rouleau à chaque extremité; et de chacun de ces points, à l'aide d'une ouverture de compas, il decrira la circonference; puis à l'aide de l'herminette, il en enlevera sur toute la longueur des solives tout ce qui se trouvera en dehors du cercle tracé, et il arrondira même les angles vifs résultant de cette opération. Alors la machine est faite; il ne s'agit plus que de la rendre mobile.

Pour cela, on fiche bien perpendiculairement de chaque côté aux deux points du centre, un tourillon ou bout d'essieu en fer bien forgé, d'un pouce de diamètre et de 16 de longueur, qu'on enfonce jusqu'à 12. On peut, pour plus de sûreté, l'assujettir par deux bandes en croix, fortement chevillées.

On adapte aux tourillons les deux côtés d'un brancard entier ou d'un demi-brancard, ce qui vaut mieux; mais dans tous les cas, pour rendre le tirage plus facile, on elèvera la ligne de trait au moyen d'un assemblage; aux extremités du demi-brancard ou avant-train s'adaptent les traits.

évide le bois qui se trouve d'une pointe à l'autre : le rouleau ainsi formé est plus lourd et plus solide, les canelures ont environ un pouce de large dans leur partie supérieure, elles sont garnies dans toute leur longeur d'une lame de fer solidement clouée : cette précaution rend la machine plus pesante et la conserve bien long tems. Pour parvenir au battage on dispose les bottes de blé par terre après les avoir déliées, alors on fait parcourir circulairement l'étendue de l'aire par les rouleaux attelés chacun d'un cheval. Quatre chevaux avec le secours de dix hommes employés à les conduire, à retourner la paille, battre au fléau quelques parties qui pourroient n'avoir pas été atteintes, dépouillent dans un jour, environ 110 émines de grain, quelque fois au delà, selon que les épis sont plus ou moins chargés. Le battage au rouleau abrège beaucoup de tems, on gagne sur la quantité du grain qui se dépouille parfaitement, et la paille ainsi écrasée est plus propre à servir de litière : ces divers avantages doivent multiplier cette machine dans tous les lieux où il est possible de la mettre en usage, n'eut-elle d'autre faculté que d'abréger les travaux nécessaires à la récolte des grains.

§ VIII.

DES ARBRES.

Les arbres qui couvrent le sol de la Mandria consistent en Ormes, Tilleuls, Aunes ou Vernes, et en Mûriers. On n'y voit aucune autre plantation.

Les Ormes bordent les deux grandes avenues qui séparent par le milieu la propriété en quatre parties: ils ont en général une végétation languissante quoiqu'ils soyent plantés depuis environ 40 ans: ce qui justifie qu'il est nécessaire d'étudier les rapports qu'il y a entre les plantes et le sol, si on veut obtenir des produits certains. Les arbres qui croissent dans les environs de la Mandria avertissent les propriétaires qui veulent faire des plantations, qu'ils doivent préférer le chêne à l'orme.

Les peupliers entourent la propriété sur presque tous les points et servent d'alignement à quelques chemins latéraux. Ces arbres ne sont pas d'une belle-venue, leur ombrage nuit essentiellement au produit des terres, et cette perte n'est guère compensée par le prix du bois qui a peu de valeur : les peupliers ne conviennent que dans des terreins aqueux et qui ne sont propres à aucun genre de culture, si ce n'est aux plantations d'arbres de bois blanc.

Les vernes bordent les principaux ruisseaux d'irrigation; cette plante qui vit presque dans l'eau et aime le terrein léger, a une végétation très-rapide; on en a planté plusieurs milliers et on continue à en mettre dans tous les lieux qui y sont propres.

Les bestiaux sont friands de la feuille; ce bois est propre à divers travaux, et fait un feu très-vif. On émonde tous les ans les branches latérales des tiges, on en forme des fagots qui pendant l'Hiver, servent au chauffage des fours, après qu'ils ont été dépouillés par les bêtes à laine. L'aune qui est coupé tous les 6 ou 7 ans, ne s'élève guère au delà de 15 pieds: il nuit peu par son ombrage et est d'un revenu assuré : c'est presque la seule ressource pour le chauffage de l'établissement de la Mandria.

Le mûrier qui fournit à une des branches les plus étendues du commerce du Piémont, est généralement très-négligé dans ce Département : on le taille rarement et on ne le travaille que parcequ'il sert le plus souvent à soutenir des treilles. Il est placé comme partie accessoire, sur le sol où on sème des céréales ou autres productions ; ceux qui bordent les chemins, les avenues sont ordinairement abandonnés ; la cueillette de la feuille se fait sans précaution, on mutile les branches et quelquefois on les coupe pour les dépouiller plus aisément : on est dans l'idée que cet arbre ne se plait point dans ce pays.

Par une suite de cette prévention, les Directeurs de l'établissement de la Mandria ont eu à lutter contre l'opinion même des ouvriers qu'ils ont employés ; mais comme les Sociétaires ne cèdent point sans examen, aux préjugés de cette nature, ils ont voulu s'assurer si, avec quelques soins, ils ne parviendroient point à redonner la vie à des arbres qui, depuis qu'ils sont plantés, languissent dans un abandon absolu. Le succès a surpassé leur attente, les labours et le fumier qu'ils ont fait donner à une allée de ces arbres, leur a fait pousser des jets de 10 pieds de long. On est persuadé que le mûrier, s'il était soigné, donnerait de plus grands produits dans le Canavez que dans le reste du Piémont.

En Languedoc et en Provence les terres à muriers sont dégagées de tout autre plantation, rarement on y sème du fourrage ou des légumes, on a même dans ces cas, la précaution de ne pas les laisser parvenir à leur maturité, et cependant la culture du mûrier, qui est très-dispendieuse dans ce pays là, dédommage le propriétaire qui s'y livre.

Le Canavez a beaucoup de rapports avec les Cevennes pour la température, la pureté de l'air, les plantes qui y croissent et même la situation topographique. Les vers à soie réussissent dans les Cevennes beaucoup mieux que dans le bas Languedoc et la Provence: les cocons ont aussi une qualité de plus qui en augmente le prix d'environ trente centimes par livre: il est constant que lorsque la feuille se vend en hiver 2 francs le quintal, dans la plaine du Département du Gard, elle vaut 3 et jusqu'à 4 francs, dans le haut des Cevennes; cette différence a pour cause l'augmentation du prix des cocons et l'espérance d'un succès plus assuré que dans la plaine. On est donc fondé à penser que la culture du mûrier ajouterait à la fortune agricole du département de la Doire, comme elle fait une des principales ressources de celui de la Sture.

§ IX.

DES BESTIAUX.

Les bestiaux présentent par eux même une branche d'industrie qui n'est point à dédaigner par le cultivateur, mais ils valent encore plus par les engrais qu'ils produisent. On entretient à la Mandria 36 paires de bœufs, plus de 200 vaches, et environ 50 cochons.

Les bœufs servent aux labours et aux

transports pendant environ trois ans; aussitôt qu'ils ont perdu leur première vigueur et qu'ils ne sont plus utiles, on les engraisse et on les vend pour les remplacer par de plus jeunes.

L'achat de ces animaux se fait dans les Départemens du Pô et de la Sture. La taille ordinaire des bœufs qu'on employe à la Mandria, est de 5 pieds 3 à 7 pouces (1 mètre 8 centimètres). Ils sont forts et bons marcheurs. On n'a pas été tenté d'introduire une autre espèce, celle-ci laisse véritablement peu à désirer : elle est d'ailleurs accoutumée aux travaux et au climat. Ceux que l'on engraisse pèsent jusqu'à 90 rubs (85 kilogrammes). Cette année on en a vu plusieurs de ce poids.

Les vaches sont beaucoup plus petites, leur taille n'est que de 4 pieds environ : elles viennent des valées d'Aoste et de Suze: elles produisent, terme moyen, 5 pintes de lait par jour. On pourrait en tirer de Suisse où elles sont d'une plus belle taille et d'un plus grand rapport, mais le climat du Piémont, et ses paturages ne leur conviennent point.

Il ne faut pas juger des vaches et des bœufs du pays, par ceux de la Mandria; l'espèce est aussi belle dans quelques cantons du Piémont, mais en général elle l'est beaucoup moins, surtout dans ce Département.

Il est constant que l'espèce s'abâtardit singulièrement, plusieurs causes semblent y contribuer.

On peut regarder comme principales, l'indifférence que l'on met à faire choix de taureaux de belle race; le peu de soin que l'on prend des élèves: la mauvaise nourriture qu'on leur donne, et, plus encore, l'impatience du cultivateur à les mettre à la charrue ou au charriot, avant qu'ils ayent acquis le dégré de croissance et de force nécessaires. On en voit communément dont la petite taille et la maigreur inspirent une sorte de pitié, cependant ces chétives bêtes servent à la propagation; aussi elles ne produisent que des êtres faibles et mal corsés.

Il est tems d'arrêter les progrès d'un dépérissement qui aura des suites funestes pour l'agriculture, si on le laisse se continuer encore quelques années. L'œil le moins observateur s'apperçoit que le mal augmente.

La détérioration de l'espèce peut avoir une autre cause, c'est la prohibition de la sortie hors du territoire de l'Empire Français. Autre fois les bœufs et les vaches, après avoir servi aux travaux, étoient engraissés et vendus dans le Milanez, ce genre de commerce présentait une grande ressource pour le pays; on donnait plus de soins aux élèves que l'on formait en grand nombre; cette branche d'industrie est aujourd'hui presque éteinte.

Ce n'est point ici le lieu de s'occuper à discuter les vues politiques qui ont déterminé le gouvernement à ordonner cette prohibition, la prédilection qu'il accorde au Piémont, doit faire penser que cette mesure a été commandée par de puissantes considérations d'intérêt public, et on doit espérer qu'elle sera changée aussitôt que les circonstances le permettront.

Les vaches de la Mandria ne sont jamais employées aux labours ou aux charriots comme on le fait communément, elles sont au contraire bien soignées et bien nourries ; elles vont au pâturage pendant le jour, et la nuit on leur donne du fourrage ; les écuries sont proprement tenues ; tous les soirs on leur fournit une nouvelle litière.

Ces animaux qui paroissent n'avoir qu'un instinct très-borné, donnent cependant des preuves d'une intelligence rare. Il est sans doute étranger à l'objet de ce mémoire de vous entretenir de faits recueillis à cet égard, mais ils ont paru si étonnants qu'on les eût regardés comme fabuleux, s'ils n'eussent été confirmés par un magistrat qui jouit à juste titre de la considération publique (1). Sous ce rapport ils méritent de vous occuper un instant : mais, pour ne pas interrompre la lecture de ce mémoire, on les placera à la fin, en forme de note.

On élève à la Mandria environ 50 petits cochons que l'on achète au moment où ils peuvent se passer de leur mère, on les nourrit avec du petit-lait, quelque

---

(1) M. Martinet, Sous-Préfet de l'Arrondissement d'Aoste.

peu de son, et ce qu'ils trouvent dans les champs ou sur les routes où on les conduit.

En trois mois le prix de ces animaux est à-peu-près doublé; on les revend et on les remplace de suite; par cet ordre, les achats et les ventes se renouvellent quatre fois l'année: ainsi en supposant le prix d'achat à raison de 12 francs et la revente à 24 francs, cinquante cochons produisent au moins 2000 francs par an, tous frais faits.

C'est plus sous le rapport d'économie que sous celui de spéculation qu'on doit considérer cet objet, parceque de plus grands intérêts occupent les Sociétaires; mais comme le premier besoin est de ne rien laisser perdre, ils pensent avec raison, que le petit-lait ne serait d'aucune utilité si on ne l'employait à la nourriture des cochons. Les fermiers ou propriétaires qui possèdent plusieurs vaches, peuvent profiter avec avantage de l'exemple d'économie qu'on vient de citer et que la plupart négligent ou employent mal.

On ne souffre aucune chèvre dans cet

établissement . cet animal destructeur devrait partout être chassé de la plaine et rélégué sur les hautes montagnes.

§ X.

DE L'ORDRE DES TRAVAUX ET DE LA DISCIPLINE INTÉRIEURE.

Les travaux de la campagne s'exécutent à la Mandria, d'une manière régulière et uniforme ; c'est au son de la cloche que commence et finit la journée, et que le troupeau sort ou rentre à la bergerie. Quel spectacle attachant de voir jusqu'à cinq cents ouvriers avec tout l'attirail arratoire, se répandre dans la campagne, s'y occuper aux divers travaux qui leur sont désignés et plus de 5000 bêtes à laine dispersées sur les prairies, compléter la décoration de cette vaste plaine ! C'est à l'imagination qu'il appartient de peindre ce beau tableau de la nature, la plume la mieux exercée craindrait d'en altérer les traits.

Les ouvrages sont, pour la plupart, donnés à entreprise, mais les entrepreneurs n'en sont pas moins obligés de se soumettre à la règle et à la discipline générale établies pour le bon ordre.

Les divers chefs d'ouvriers sont distingués par une marque qui consiste en un petit cordon en or ou en argent, au tour de la forme de leur chapeau; ils sont sous la surveillance immédiate d'un agent en chef.

Les meubles arratoires sont numérotés et inventoriés. Chaque bouvier est désigné sous le même N.° des effets qui sont confiés à sa garde.

Un Curé attaché à l'établissement, administre aux ouvriers les secours spirituels dont ils ont besoin; un médecin veille sur leur santé: ils trouvent dans le lieu même, du vin et les commestibles les plus nécessaires à la vie. Les Directeurs de l'établissement qui font vendre ces objets pour leur compte, en fixent le prix à un taux modéré, toujours proportionné au salaire de la journée (1).

(1) La journée des hommes est de 60 à 80 centimes, celle des femmes de 40 à 60 centimes.

Les Dimanches et quelque fois les soirées d'Hiver sont consacrés aux jeux champêtres et à la danse : c'est ainsi que les ouvriers de la Mandria passent leur vie dans le travail, la pratique des actes de religion et les plaisirs innocens. Cet exemple aurait besoin de faire des progrès dans les campagnes où l'oisiveté enfante tant de malheureux, que le travail arracherait à la misère.

Les fautes commises sont jugées par les chefs-ouvriers, lorsqu'elles ont pour objet l'infraction à quelque point de discipline. L'espèce de tribunal qu'ils ont établi fait tourner au profit de l'amusement de tous, les punitions qu'il inflige ; aussi depuis que les ouvriers se gouvernent par leur propre police, les délits sont très-rares.

Les portes de l'établissement sont fermées dès qu'il est nuit et personne n'en sort sans permission ; aucun des ouvriers ne peut s'absenter même le Dimanche, sans en prévenir l'agent principal.

Le résultat des travaux est constaté toutes les semaines par les chefs de chaque division d'ouvriers, et consigné sur des registres, avec des notes favorables à ceux qui les ont méritées.

Tous les ans, au jour de St-Eloi, on célèbre la fête de l'établissement; les agens en chefs font alors un rapport sur les ouvriers qui ont le mieux mérité de la Société-Pastorale, et désignent ceux qui sont susceptibles d'avancer en grade et de recevoir des prix d'encouragement. Ces prix consistent en argent pour les bergers, et pour les autres ouvriers, en habits, chapeaux et autres effets à leur usage.

Il y a aussi des prix pour les jeunes filles; on consacre 300 francs à cet objet, on en forme deux lots qui sont payés, à celles qui les ont obtenus, au moment où elles se marient.

Pour donner à cette fête la solennité qu'elle mérite, c'est dans l'Eglise que les jeunes filles tirent au sort et que les ouvriers reçoivent la récompense de leur activité et de leur bonne conduite; un discours de la part du Curé ajoute quelque chose de religieux à la cérémonie et imprime dans l'ame des assistans cet amour du devoir et cette noble émulation qui les disposent au travail et à la paix: la journée se termine par des courses de charriot et des danses.

C'est par l'observation de toutes ces règles, qui ont d'abord paru sévères, que les Directeurs de l'établissement sont parvenus à s'attacher les ouvriers. Ici l'amour propre et l'espoir d'une récompense agissent de concert et produisent le meilleur effet sur des êtres qui, d'ailleurs, sont bien salariés; ils sont bien vêtus et tout annonce chez eux, si non le luxe, du moins cette aisance qu'on ne trouve pas chez les travailleurs des environs. Si ceux qui entretiennent un grand nombre d'ouvriers, établissoient une régle semblable, ils préviendroient, à coup sûr, les désordres qui prennent naissance dans les ateliers, et maintiendraient parmi les individus qu'ils employent, une discipline hiérarchique qui les attacherait tous au centre commun.

§ XI.

CONCLUSION.

Telle est, Messieurs, la description de l'établissement de la Mandria, et tel est le résultat des travaux et des expériences qui y ont été faits jusqu'à ce jour. Vous pouvez juger quel avantage l'agriculture et le commerce peuvent retirer de cet établissement, le seul, en son genre, qui existe sur le continent. Vous avez vu cette grande entreprise se former, s'agrandir et prospérer avec une rapidité surprenante. Si, d'une part, vous fixez aujourd'hui vos regards sur l'agriculture du Domaine, vous voyez une régénération presque totale dans toutes les parties; des prairies renouvellées ou améliorées; les terres bonifiées par l'emploi, bien combiné, des engrais; la création de prairies artificielles; l'introduction de plantes fourragères et légumineuses d'un grand produit et d'une grande ressource; la culture des mûriers vivifiée; enfin, des plantations appropriées au terrein et aux localités.

De l'autre, si vous portez votre attention

sur le troupeau, vous voyez l'accroissement qu'il a acquis en trois ans, non seulement pour le nombre des bêtes qui le composent, mais pour la perfection de leur race; vous voyez ces bêtes utiles paître sous le mûrier dont la feuille nourrit le vers à soie, rivaliser, en quelque sorte, avec cet insecte, l'avantage de servir à nos vêtemens et à l'ornement de nos demeures.

Plus loin, 350 ouvriers de tout âge et de tout sexe, sont occupés à mettre en œuvre la précieuse dépouille du troupeau et à la convertir en étoffes qui disputent déjà de finesse et de beauté avec celles qui proviennent des meilleures fabriques. Que d'objets dignes de fixer l'attention publique!

L'établissement de la Mandria offre, par une heureuse combinaison, l'union et l'accord qui lient, d'une manière inséparable, l'agriculture, les arts et le commerce.

Ce ne sont point ici des inventions illusoires, des conclusions hazardées; tous les résultats annoncés sont constans et sont justifiés par des preuves matérielles.

La Société d'Agriculture aura sans doute encore des obstacles à surmonter pour déraciner la trop funeste routine qui dirige la plupart des cultivateurs ignorans; mais pour y travailler avec succès, il ne faut pas se borner à des discussions théoriques qui parviennent difficilement dans les campagnes: l'exemple seul peut justifier le précepte. Les membres affiliés à la société, qui sont placés sur divers points du Département, peuvent être des missionnaires utiles, s'ils veulent donner des leçons pratique et disposer les agriculteurs à profiter des expériences dont ils sont à portée de vérifier les succès.

Les Sociétés d'agriculture ne rempliront jamais entièrement le but de leur institution, si elles se bornent à rédiger des discours et des écrits qui arrivent rarement dans la chaumière du laboureur: la plupart des écrivains sacrifient trop-souvent l'utilité des instructions qu'ils veulent repandre, au plaisir de les rédiger en termes scientifiques à la seule portée des savans de profession. La science de l'agriculture a besoin d'être enseignée avec le style simple, clair et précis qui lui est propre, il ne faut jamais perdre de vue que c'est aux habitans des campagnes qu'on s'adresse.

Les prix d'encouragement sont d'un grand intérêt auprès de certains cultivateurs; on pourrait consacrer à cet objet non seulement les petits fonds de la Société, mais y ajouter par une contribution volontaire. Le digne Magistrat qui a institué cette association secondera ces vues bienfaisantes qui appartiennent à son cœur (1).

On ne précisera point ici dans quels cas et pour quels objets ces prix pourroient être accordés, c'est à l'assemblée à les déterminer; mais on lui observera que le but particulier pourrait se diriger vers l'amélioration des laines et sur quelques parties d'agriculture négligées.

L'homme laborieux qui, sans autre secours que celui de son travail, serait parvenu à améliorer la culture de son petit champ et à entretenir un plus grand nombre d'enfans, mériterait, à plus d'un titre, d'être encourragé.

La Société-Pastorale, aux termes de son bail, est obligée de vendre tous les ans, 200 beliers pour la propagation de l'espèce.

---

(1) M. Gandolfo, Préfet du Département.

On est fondé à croire qu'elle saisira avec empressement un moyen de plus de se rendre utile à cette contrée en fixant à un prix modéré les beliers qu'on pourra lui demander.

Votre attention vigilante et active saura recueillir et mettre à profit tous les moyens propres à accélérer l'amélioration de l'agriculture et à propager la race des mérinos d'Espagne, qui font l'objet du mémoire dont l'Assemblée vient d'entendre la lecture.

NOTES

sur l'instinct des Bêtes à laine, des Vaches et des Taureaux.

§ I.

DES BÊTES À LAINE.

LE Mouton, simbole de l'innocence et de la douceur, est présenté en même temps comme stupide et sans instinct, on attribue à son peu de facultés intellectuelles ce qui n'est, peut être, que l'effet de la faiblesse de son organisation. Cet animal n'a presque pas de défense, la seule force du belier réside dans ses cornes ou dans sa tête, mais il ne sait s'en servir qu'envers ses semblables; ce serait en vain qu'il voudrait en faire usage contre un chien ou autre bête, qui, quoique plus faible, trouverait dans son agilité le moyen de l'éviter et de rendre la lutte inégale. La brebis n'a presque aucune défense.

Il y a à la Mandria, un belier qui se fait remarquer par la perfection de son corsage, le Berger lui a donné le nom de *Polon* par corruption de celui d'Apollon qu'on lui avait d'abord choisi: Ce belier (sans doute enhardi par les caresses qu'il reçoit) est très-familier; aussitôt qu'un étranger se présente pour voir l'établissement et va dans la Bergerie, il s'avance et lui fait à sa manière, l'accueil le plus gracieux ; il lui lèche les mains, cherche à fouiller ses poches et n'est nullement épouvanté; s' il sort, il est toujours le premier ou le dernier de la bande comme pour en diriger ou protéger la marche ; il répond au premier appel qu'on lui fait.

M. Lullin de Genève, raconte qu'aprés une maladie grave qu' éprouva au mois d'Aout 1801, un belier qu'il avait fait venir de rambouillet, ce belier témoigna sa joie en revoyant ses compagnes dont il avait été séparé pendant sa maladie.

Une brebis pleine a l'imagination souvent frappée; un linge noir ou rouge, ou tout autre objet, lui cause quelque fois la plus grande émotion. Cette impression n'est pas le résultat d'un défaut d'organes, mais plutôt de leur faiblesse.

Pour prouver qu'un Mouton est susceptible d'une certaine éducation, voyez celui que choisit ordinairement un Berger et qu'il distingue dans son troupeau par des soins particuliers, répondre à ses caresses, le suivre et marquer selon les circonstances, le sentiment des impressions qu'il éprouve. Il est vrai que ses demonstrations sont moins apparentes que chez beaucoup d'autres animaux.

A la Mandria les heures des repas et de tous les exercices concernant le troupeau sont marquées. Si les bergers différaient de les remplir ou s'ils les oubloient, ils seroient bientôt rappellés à leurs devoirs par la rumeur, le bèlement ou autres mouvements d'impatience.

Voyez les agneaux lâchés au milieu d'un troupeau considérable, retrouver leur mère en peu de moments et chaque mère reconnaître son agneau sans que ni l'un ni l'autre se trompent jamais.

A rambouillet on remarque une brebis qui s'est attachée aux vaches, au point de ne les quitter jamais; Cette inclination est si forte qu'elle n'a pas voulu recevoir le belier, et que lorsque les vaches traversent un Etang pour aller paître dans une île du parc, elle les suit à la nage.

En Afrique, les bêtes à laine font la principale ressource des Caffres, aussi ils en sont jaloux et orgueilleux; ils les instruisent à revenir seules du pâturage, et pour les faire rentrer au bercail, ils se mettent à siffler avec un instrument d'os ou d'ivoire: les troupeaux les entendent de loin et retournent aussitôt, sans aucune difficulté.

A l'approche du loup, le mortel ennemi d'un troupeau, il se serre, il se presse; on voit souvent des bêtes tomber en syncope.

Concluons donc de ces divers faits, que les bêtes à laine sont douées d'une intelligence qui n'est retenue dans ses effets, que par le sentiment de faiblesse de ces animaux, ce qui justifie d'autant plus de leur entendement.

§ II.

DES VACHES ET DES TAUREAUX

Aussitôt que les vaches sont réunies sur une montagne des Alpes, où on les mène paître pendant la belle saison, elles essayent leurs forces; de cet essai naît un combat dont le résultat assure à celle qui a vaincu la suprématie sur le troupeau, suprématie qu'elle conserve pendant toute la saison, et dont elle est si énorgueillie, qu'elle en perd l'appetit et le lait; rarement elle recouvre le dernier. Forte du succès qu'elle a obtenu, elle parcourt fièrement l'étendue du terrein qu'occupent les divers troupeaux réunis, se fait reconnaître et défie ses autres compagnes qu'elle avertit de sa force et de son adresse.

On la désigne alors par le titre de Reine; et en cette qualité, elle a une cour et des favorites qui sont plus spécialement sous sa protection et qui paissent avec elle la meilleure herbe, ces favorites sont ordinairement prises parmi celles qui ont déjà vécu avec elle, c'est par cette raison que les propriétaires sont jaloux d'avoir la Reine dans leur troupeau.

Cet animal paraît fier de la sonnette qu'on lui met au col, si on la lui enlève, il en est triste et il cesse de manger; les propriétaires attachent une espèce de luxe au collier qui sert à la suspendre.

Ce collier est de cuir très-fort, il est fixé par une boucle de cuivre d'environ 3 pouces de large.

On a souvent essayé de mettre deux Reines à même de mésurer leurs forces, et l'on a toujours observé que celle qui se battait au milieu de son troupeau, l'emportait sur l'étrangère quoique dans d'autres circonstances, celle-ci eut été victorieuse, tant il est vrai que le moral agit sur le physique de ces animaux.

A l'heure et au jour de la semaine où on fait aux vaches la distribution du sel, si le berger tarde un peu trop à le leur apporter, on les voit trépigner d'impatience et refuser d'aller au pâturage; ce n'est qu'avec beaucoup de peine qu'on les y contraint. Les mêmes difficultés se présentent la semaine d'après si on persiste à le leur refuser, il est probable que ce sentiment s'affaiblirait ou se perdrait, si on manquait plusieurs fois de suite, à cette distribution.

La vache part pour la montagne et en revient avec la même gaieté. L'époque du départ varie suivant que le printems est plus ou moins avancé; celle du retour est toujours fixe. Ce jour là, le berger en la détachant le matin, lui entortille autour du col pour la rapporter à son gîte, la chaine de fer que les jours précédens il laissait à la crêche. Ce seul avertissement suffit à la vache pour la prévenir que le moment du départ est arrivé. Aussi ne manque-t-elle jamais en revenant du pâturage, vers midi, de prendre d'elle-même le chemin de la plaine.

On a le plus grand soin d'écarter de la vue du troupeau le corps mort d'une vache qui en faisait partie. Une trace de sang, un reste de son cadavre excite de longs mugissements, et provoque quelque fois à la fureur. On a vu dans ces occasions des vaches et des taureaux se battre au point de s'entretuer. Les taureaux alors sont surtout à craindre.

Les moyens que la Reine-vache emploie pour acquérir son titre et sa supériorité, sont également ceux dont se sert le taureau qui ambitionne la Royauté dans le troupeau où le sort l'a jeté, le courage, la force et quelque fois la ruse, la lui font obtenir; dèslors il exerce un empire absolu sur les vaches qui le composent, un autre ne le lui disputerait ni ne le partagerait pas impunément. Ses sujets, auparavant ses camarades, sont forcés à se contenter de quelques aubaines que le hazard leur procure et dont ils profitent à la dérobée. S'ils sont surpris ils sont obligés de s'éloigner à l'instant même, pour ne pas s'exposer à la colère et au ressentiment de leur souverain.

On a remarqué que des taureaux ont le vice dangereux de poursuivre les hommes, les uns attaquent les personnes bien mises, les autres celles couvertes de haillons, jamais les femmes, quelque soit leur costume; mais les taureaux les plus furieux, dans le tems même de leurs amours, reconnaissent leur maître dans la personne du berger, ils obéissent à sa voix et cédent à ses menaces.

TABLEAU DE COMPARAISON

DES MESURES DE PIÉMONT

Avec les anciennes et les nouvelles mesures de France.

MESURES LINÉAIRES

LE trabuc de Piémont est à la toise de France, comme . . . . 30,826, est à 19,490.

------ au mètre, comme . 30,826 . à . 10,000.

10 Trabucs comprènent { 15 toises 4 p. 10 p. 8 lig. 16.
30 mètres 826 millimètres.

La toise de Piémont est à celle de France, comme 17125 est à 19490.

10 Toises de Piémont comprènent { 8 toises 4 p. 10 p. 8 L. 16.
17 mètres 125 millimètres.

MESURES AGRAIRES

LA journée de Piémont est composée de 100 tables quarrées.

La table linéaire est de 2 trabucs.

La table quarrée comprend quatre trabues quarrés.
La journée en contient 400.
Le trabuc quarré est à la toise de France,
comme . . . . 95024 est à 37987.
-------- Au mètre, quarré comme 95024 . . 10,000.
La table quarrée contient 10 toises quarrées de France, 0 p. 0 p. 5 lig. 12, ou 38 mètres quarrés 010 millimètres.
La journée contient 1000 toises quarrées de France 3 p. 6 p. 8 L. 35, ou 3801 mètres quarrés, ou 38 ares 01 milliare quarrés.
La journée de Piémont est à l'arpent moyen de France de 20 pieds pour perche, comme 38,010 est à 42208.
Elle est au grand arpent de 22 pieds pour perche, comme 38,010 est à 51,072.

MESURES DE POIDS

LA livre de Piémont est à la livre marc de France, comme 3688 est à 4895 et au kilogramme, comme 3688 est à 10,000.

La livre de Piémont contient 0 livre 1 marc 2 onces 0 gros 31 grains 54, ou 0 kilogramme 368 grammes 8.

Le rub ou 25 livres de Piémont	18 L. 1 M. 5 on. 0 g. 70 grains poids de Marc, ou 9 kilogram. 220 grames.

L'émine pèse poids de Piémont	Froment	46 l., ou	16, kil.	966 gr.
	Seigle	40	14,	753
	Maïs	45	16,	598

EXPLICATION DES PLANCHES

Figuratives des terreins et des bâtimens du domaine de la Mandria.

PLANCHE I.

Figure 1. Façade des magasins intérieurs avec la coupe des batisses latérales dans la grande cour du milieu.

Figure 2. Coupe et plan d'élévation de la façade des bâtimens du côté du levant, vus de l'intérieur de la grande cour et cours rustiques.

PLANCHE II.

Plan général du territoire avec le plan du bâtiment et des granges.

Figure 1. Plan de la glacière en paille décrite page 13.

Figure 2. Façade.

Figure 3. Coupe.

Planche I

Fig. 1

Fig. 2

Planche II.

Fig. 3.

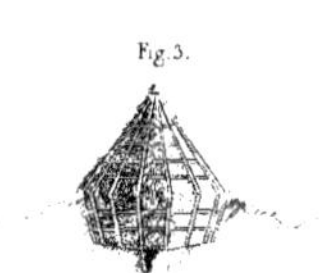

Fig. 1

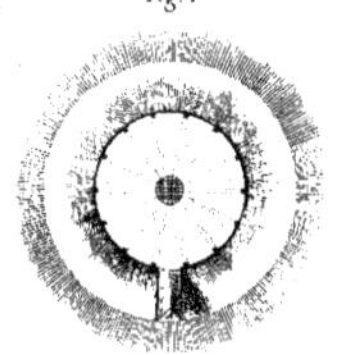

Fig. 2

Echelle de 4 Trabucs pour la Glacière

Echelle de Trabucs

Mètres

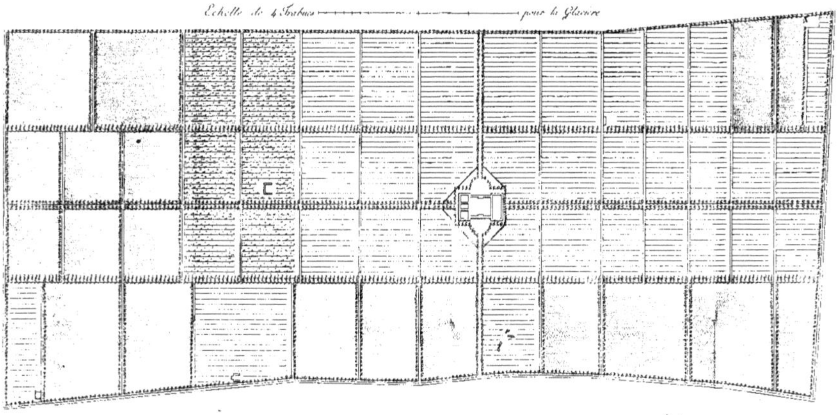

www.ingramcontent.com/pod-product-compliance
Ingram Content Group UK Ltd.
Pitfield, Milton Keynes, MK11 3LW, UK
UKHW020912180726
13838UKWH00002B/505